Lady Mireille Razafindranaivo

Modélisation du champ géomagnétique dans un domaine rectangulaire

Lady Mireille Razafindranaivo

Modélisation du champ géomagnétique dans un domaine rectangulaire

Application pour le cas de Madagascar

Presses Académiques Francophones

Impressum / Mentions légales
Bibliografische Information der Deutschen Nationalbibliothek: Die Deutsche
Nationalbibliothek verzeichnet diese Publikation in der Deutschen Nationalbibliografie;
detaillierte bibliografische Daten sind im Internet über http://dnb.d-nb.de abrufbar.
Alle in diesem Buch genannten Marken und Produktnamen unterliegen warenzeichen-,
marken- oder patentrechtlichem Schutz bzw. sind Warenzeichen oder eingetragene
Warenzeichen der jeweiligen Inhaber. Die Wiedergabe von Marken, Produktnamen,
Gebrauchsnamen, Handelsnamen, Warenbezeichnungen u.s.w. in diesem Werk berechtigt
auch ohne besondere Kennzeichnung nicht zu der Annahme, dass solche Namen im Sinne
der Warenzeichen- und Markenschutzgesetzgebung als frei zu betrachten wären und
daher von jedermann benutzt werden dürften.

Information bibliographique publiée par la Deutsche Nationalbibliothek: La Deutsche
Nationalbibliothek inscrit cette publication à la Deutsche Nationalbibliografie; des
données bibliographiques détaillées sont disponibles sur internet à l'adresse http://dnb.d-
nb.de.
Toutes marques et noms de produits mentionnés dans ce livre demeurent sous la
protection des marques, des marques déposées et des brevets, et sont des marques ou des
marques déposées de leurs détenteurs respectifs. L'utilisation des marques, noms de
produits, noms communs, noms commerciaux, descriptions de produits, etc, même sans
qu'ils soient mentionnés de façon particulière dans ce livre ne signifie en aucune façon que
ces noms peuvent être utilisés sans restriction à l'égard de la législation pour la protection
des marques et des marques déposées et pourraient donc être utilisés par quiconque.

Coverbild / Photo de couverture: www.ingimage.com

Verlag / Editeur:
Presses Académiques Francophones
ist ein Imprint der / est une marque déposée de
OmniScriptum GmbH & Co. KG
Heinrich-Böcking-Str. 6-8, 66121 Saarbrücken, Deutschland / Allemagne
Email: info@presses-academiques.com

Herstellung: siehe letzte Seite /
Impression: voir la dernière page
ISBN: 978-3-8416-2274-7

Université d'Antananarivo
Faculté des sciences
FORMATION DOCTORALE EN PHYSIQUE

Département de Physique
Laboratoire du traitement des signaux et électroniques
MEMOIRE
Pour l'obtention du
DIPLOME D'ETUDES APPROFONDIES
DE PHYSIQUES
(Option Géophysique et ressources naturelles)

MODELISATION REGIONALE DU CHAMP MAGNETIQUE TERRESTRE DANS UN DOMAINE RECTANGULAIRE. APPLICATIONS POUR LE CAS DE

Présenté le **07 août 2009** à Antananarivo

Par **Mlle RAZAFINDRANAIVO Lady Mireille**

Devant Le jury Composé de :

Présidente	: Mme RANDRIAMANANTANY Zely Arivelo	**Professeur titulaire**
Examinateurs	: Mr RAMBOLAMANANA Gérard	**Professeur**
	Mr ANDRIAMBAHOAKA Zedidia	**Docteur**
Rapporteur	: Mr RANAIVO-NOMENJANAHARY Flavien Noël	**Professeur**

AVANT PROPOS

Monsieur SCHOTT Jean-Jacques, Physicien Adjoint, Responsable du Service des Observatoires Magnétiques à l'Ecole et Observatoire des Sciences de la Terre (EOST) de l'Université Louis Pasteur de Strasbourg, nous a proposé d'étudier et d'analyser les modèles de champ adaptés aux données magnétiques de Madagascar. Il m'a suggéré de prendre un modèle rectangulaire. Le travail a commencé au mois de Juin 2008,avec la collaboration du Docteur Zedidia ANDRIAMBAHOAKA, chef du Laboratoire de Géomagnétisme et d'Electromagnétisme de l'Institut et Observatoire de Géophysique d'Antananarivo.

TABLE DES MATIERES

Abstract

The main subject of this study is to represent the geomagnetic field of region that can be limited by a rectangular domain. Above free region in the Earth's surface, the magnetic field may be expressed as gradient of a scalar potential, solving Laplace equation forced different boundary limits. The manuscript includes two main parts. The first part unlights the analytic studies of the different technical of regional modelling existing. These studies consist in analyzing all different techniques of existing regional modelling and to study in detail the formalism of modelling in rectangular domain. The second part, the numeric considerations and inverse problem survey will be evoked to be able to examine the validity of the rectangular model on the one hand for the case of Madagascar. And to verify on the over hand data available from Malagasy repeat stations. The reliability of the rectangular model remained solely inside zones covered by measures. Even though data are not enough, at least measure needed in each of the following stations: Antsiranana, Mahajanga, Toamasina, Toliara and Taolagnaro. The lack of data in one of these regions could not lead to a better magnetic map.

Key words: regional modelling, rectangular domain, Earth Magnetic field, repeat Stations.

Résumé

L'objectif principal de ce mémoire est de représenter le champ magnétique terrestre d'une région pouvant être limitée par un domaine rectangulaire. Dans des régions libres de sources magnétiques, le champ magnétique $\vec{B}$ peut-être exprimé comme le gradient d'un potentiel magnétique scalaire V, solution de l'équation de Laplace soumise à des conditions aux limites. Divisé en deux grandes parties, ce travail met en évidence dans un premier temps les études analytiques des différentes techniques de modélisation régionale existantes: cette première partie consistent à analyser les différentes techniques de modélisation régionale existantes et à revoir en détail le formalisme de modélisation dans un domaine rectangulaire. Dans un second temps, les considérations numériques et l'étude du problème inverse sont évoquées pour pouvoir examiner la validité du modèle rectangulaire pour le cas de Madagascar d'une part, et de vérifier de nouveau les données des stations de répétition malgaches d'autre part. La fiabilité du modèle rectangulaire reste uniquement à l'intérieur des zones couvertes par les mesures. Même si les données ne sont pas très nombreuses, il faut au moins une mesure dans chacune des stations suivantes : Antsiranana, Mahajanga, Toamasina, Toliara et Taolagnaro. L'absence de données dans l'une de ces régions ne permet pas d'établir correctement des cartes magnétiques de Madagascar. Un modèle de ce type a été proposé en 1981 par L.R. Alldredge.

Mots clés : modélisation régionale, domaine rectangulaire, Champ Magnétique Terrestre, Stations de répétition.

LISTE DES ABREVIATIONS

IAGA: International Association of Geomagnetism and Aeronomy

CM4: Comprehensive Model phase 4

DEA: Diplôme d'Etudes Approfondies.

DGRF: Definitive Geomagnetic Reference field

IGRF: International Geomagnetic Reference Field

RHA: Rectangular Harmonic Analysis.

SCHA: Spherical Cap Harmonic Analysis.

MATLAB: MATrix LABoratory

MAGSAT: Magnetic Field Satellite

LISTES DES FIGURES

PARTIE I

PARTIE II

LISTES DES TABLEAUX

PARTIE I

PARTIE II

INTRODUCTION GENERALE

Depuis 1965, tous les cinq ans, l'Association Internationale de Géomagnétisme et d'Aéronomie (IAGA en Anglais) a publié des modèles de référence. Les modèles définitifs sont dénommés DGRF (Definitive Geomagnetic Reference Field) et sont calculés à partir de toutes les données disponibles sur la période concernée. Par opposition, nous trouvons des modèles prédictifs associés à un modèle de variation séculaire pour la période à venir, les modèles IGRF (International Geomagnetic Reference Field). Jusqu'à nos jours, plusieurs générations de modèles IGRF (DGRF) ont vu le jour et ont bénéficié de techniques de mesures de plus en plus sophistiquées. Quoiqu'il en soit, les modèles IGRF ne permettent qu'une modélisation partielle du champ magnétique dont le détail le plus fin appelé longueur d'onde avoisine 4000km en raison d'une répartition des données peu homogène sur la sphère entière ; comparé à la taille d'une région à Madagascar, le détail est plus large. Cette longueur d'onde est donc très importante pour que nous puissions utiliser ces modèles à des fins régionales. Il apparaît clair cependant que les fines structures de taille inférieure ne pourront pas être mises en évidence simplement par ce moyen avant longtemps. Nous devons donc chercher à exploiter les données de notre région en utilisant une technique de modélisation régionale du champ magnétique. Plusieurs méthodes qui prennent en compte la nature du potentiel magnétique ont été proposées pour modéliser le champ magnétique à une échelle régionale telle que la modélisation polynomiale de surface, la modélisation en Harmonique rectangulaire, la modélisation en Harmonique sur Calotte Sphérique (SCHA), la modélisation en harmonique sur Calotte Sphérique révisée, la modélisation régionale dans un domaine conique elliptique… Ces méthodes ont leurs points forts et points faibles mais pour le cas de Madagascar, aucune d'entre elles n'est pas adaptable à cause de la densité de données qui n'est pas suffisante (Madagascar n'a que vingt cinq stations de répétition qui, d'ailleurs, ne sont pas toutes occupées lors d'une campagne magnétique). Pour cela, les données correspondantes ne sont pas encore exploitées et il n'existe pas encore de cartes magnétiques régionales pour Madagascar. Tout cela nous emmène à revoir la modélisation régionale du champ magnétique terrestre dans un domaine rectangulaire pour exploiter les données de notre région si possible.

Notre travail comprend ainsi deux grandes parties : la première partie porte sur les études analytiques des différentes techniques de modélisation régionales existantes. Ces études consistent à analyser toutes les différentes techniques de modélisations régionales existantes et à revoir en détail le formalisme de modélisation dans un domaine rectangulaire.

Pour examiner la validité du modèle rectangulaire pour le cas de Madagascar d'une part, et de vérifier de nouveau les données des stations de répétition malgaches d'autre part, la seconde partie sera consacrée aux considérations numériques et applications relatives au formalisme précédent.

PARTIE I

ETUDES ANALYTIQUES DES DIFFERENTES TECHNIQUES DE MODELISATION REGIONALE EXISTANTES

Le champ magnétique observé près de la terre est dû à différentes sources se trouvant dans le noyau, la lithosphère, l'ionosphère, la magnétosphère, et des courants de couplage entre l'ionosphère et la magnétosphère et entre les hémisphères. Ce champ magnétique doit être modélisé de manière à pouvoir en déduire une valeur du champ en n'importe quelle position du globe. Historiquement, les champs des diverses sources ont été modélisés séparément et un modèle de champ s'obtient par l'intermédiaire d'hypothèse physique sur le champ magnétique terrestre. Nous avons donc comme but d'établir un modèle de référence, fondé sur les données de l'observatoire et des stations de répétition. Dans cette première partie de notre mémoire, nous allons faire un bref rappel sur la modélisation du champ à l'échelle régionale avec les méthodes bien connues telles que la modélisation polynomiale de surface, la modélisation en harmonique rectangulaire (RHA). la modélisation en harmoniques sur calotte sphérique (SCHA), la modélisation dans un domaine conique elliptique, et aussi nous proposons un formalisme de modélisation du champ dans un domaine rectangulaire bien défini (parallélépipède rectangle): Nous définissons le domaine d'étude rectangulaire correspondant. Nous rappelons la résolution de l'équation de Laplace en coordonnées cartésiennes. Ensuite, nous introduisons les problèmes de conditions aux limites, solutions particulières correspondantes et les critères préliminaires pour réduire le nombre de décomposition. Puis, nous donnerons l'expression de champ magnétique correspondant et enfin la mise en équation du problème inverse accompagné de la théorie de l'estimation de l'erreur correspondant.

I.1 - Méthodes de modélisation régionale du champ magnétique existantes

I.1.1 - Modélisation polynomiale de surface

Le formalisme de modélisation polynomiale de surface est le plus simple à mettre en œuvre. Chaque composante est décrite par un polynôme des coordonnées (θ, φ) des données dans le référentiel géodésique, sous la forme suivante:

$$\left.\begin{array}{l} X = a_0 + a_1\theta + a_2\varphi + a_3\theta^2 + a_4\varphi^2 + ... \\ Y\sin\theta = b_0 + b_1\theta + b_2\varphi + b_3\theta^2 + b_4\varphi^2 + ... \\ Z = c_0 + c_1\theta + c_2\varphi + c_3\theta^2 + c_4\varphi^2 + ... \end{array}\right\}$$ (I.1)

où les triplets de coefficients (a_i, b_i, c_i) sont les inconnues du problème.

Selon le cas, il est également possible de convertir (θ, φ) en (x, y) dans une cartographie locale en utilisant la projection de Lambert par exemple (Le Mouël, 1969). Toutefois, le champ d'application de ce formalisme exclut les données prises à différentes altitudes. En outre, nous sommes confrontés au fait que les bases de fonctions utilisées (les polynômes en θ et φ) ne sont pas orthogonales. Ces contraintes nous ont limitée à ne rechercher qu'un nombre très restreint de coefficients (a_i, b_i, c_i). De telle modélisation régionale, n'est pas adaptée en prospection car elle limite les possibilités d'observer les petites structures du champ magnétique.

Dans le système d'équations 1.1, nous préférons le développement de $Y\sin\theta$ à celui de Y, car la circulation du champ $\vec{B}$ le long d'un chemin tracé à la surface d'une sphère fait intervenir les composantes X et $Y\sin\theta$. Néanmoins, nous ne cherchons pas à satisfaire les propriétés d'électromagnétisme données par les équations :

$$\vec{\nabla}.\vec{B} = 0$$ (I.2)

$$\vec{\nabla} \wedge \vec{B} = 0$$ (I.3)

ce qui imposerait des relations entre les coefficients (a_i, b_i, c_i). Cette modélisation élémentaire ne vérifie donc pas toutes les caractéristiques physiques d'un champ de potentiel. En outre, elle ne permet pas de faire un prolongement vers le haut ou vers le bas.

I.1.2 - Modélisation en Harmoniques Sphériques Rectangulaires (RHA)

Une possibilité d'inclure des données prises à différente altitude est de résoudre directement l'équation de Laplace dans un domaine approprié. Une première version de cette méthode d'analyse conduit à un formalisme appelé Modélisation en Harmoniques sphériques Rectangulaires.

Les hypothèses qui circonscrivent la décomposition en Harmoniques Sphériques Rectangulaires (RHA : Rectangular Harmonic Analysis) sont moins restrictives que pour la décomposition polynomiale, strictement limitée à une portion de sphère (Alldredge, 1981). Le domaine d'étude est un parallélépipède rectangle de dimensions $2L_x$, $2L_y$, L_z. La résolution de l'équation de Laplace en coordonnées cartésiennes (x, y, z) conduit à l'expression du potentiel sous forme d'une double série de Fourier :

$$V = X_0 x + Y_0 y + Z_0 z + \sum_{k=0}^{K-1} \sum_{j=0}^{K-1} X_{kj} e^{-i\pi(kx+jy)/L} e^{d_{kj}z} \qquad (I.4)$$

où nous avons suivi les notations de Langel et Hinze (1998).

Le potentiel obéit donc strictement aux propriétés d'un potentiel magnétique scalaire. Les variations en altitudes sont régies par le terme $e^{d_{kj}z}$ et le potentiel ainsi créé ne tend pas vers 0 quand z tend vers l'infini car les coefficients X_0, Y_0, Z_0 ne sont pas tous nuls (Haines, 1990). Ceci n'est vrai que si le domaine est non borné mais en pratique, il doit l'être. Ce potentiel ne peut donc pas s'interpréter en termes de sources d'origine interne uniquement. Même si ce fait est peu connu, nous verrons que nous rencontrons fréquemment ce problème dans le cadre de la modélisation régionale quelle que soit la technique utilisée.

Un grand problème se pose sur l'incorporation de données prises à différentes altitudes à cause des fonctions $e^{\alpha z}$. Ces fonctions ne sont pas en mesure de nous donner une variation en accord avec la décroissance naturelle d'un champ de potentiel Newtonien. Ceci est peut être mis en évidence à partir des données terrestres à $z = 0$ et des données satellites à $z = 400km$. De tel comportement entraîne aussi des difficultés pour prolonger le champ magnétique vers le bas (Malin et al, 1996) et il n'est pas possible de représenter le champ magnétique autre part que dans la région où les données ont été prises.

Les spécificités mathématiques de la décomposition entraînent également d'autres problèmes (Haines, 1990).Citons à titre d'exemple le phénomène de Gibbs lié à la périodicité imposée au potentiel par le développement de Fourier (plus généralement, au voisinage d'un point où une fonction a une discontinuité, les sommes partielles de la série de Fourier correspondante présenteront un dépassement substantiel en ce point). En outre, l'assimilation de la région à un plan de dimension L pourrait se dégrader considérablement avec l'altitude, réduisant ainsi la région de validité de plus en plus petite faille. L'erreur commise au voisinage des bords reste difficile à quantifier, ce qui peut conduire à des incohérences dans l'interprétation des résultats. Pour des régions de taille d'un continent ou d'un grand pays, cette méthode devient inadaptée. Ce type de modélisation ne peut s'appliquer qu'à des données au sol et des données aéromagnétiques. Il a été utilisé avec un certain succès pour la modélisation du champ des Etats-Unis dont la forme du territoire principal s'accorde assez bien avec celle d'un parallélépipède rectangle. Les analyses n'ont cependant jamais inclus des considérations sur les conditions aux limites. Cette méthode de modélisation en Harmoniques Rectangulaires ne modélise pas directement le champ magnétique mais la différence entre deux champs.

Compte tenu de ces différentes raisons, nous allons essayer d'aborder encore une fois cette technique de modélisation mais cette fois ci nous allons inclure les conditions aux limites et aussi nous allons modéliser directement le champ magnétique.

I.1.3 - Modélisation en Harmonique sur Calotte Sphérique (SCHA)

Quelques années après le lancement du satellite MAGSAT, les données furent facilement disponibles et c'est dans ce contexte que Haines (1985) proposa la décomposition en Harmoniques Sphériques sur Calotte, SCHA, (Spherical Cap Harmonic Analysis) pour l'élaboration d'un modèle régional sur le Canada puisque la méthode RHA ne permettait pas de remplir cet objectif. La méthode SCHA fut présentée à ses débuts comme le formalisme le plus proche des Harmoniques Sphériques Ordinaires employées en modélisation globale. Cette méthode avait donc pour objectif de pouvoir incorporer simultanément l'ensemble des données

17

prises à des altitudes comprises entre la surface terrestre et les altitudes satellitaires tout en respectant les équations I.2 et I.3. Plusieurs modèles régionaux furent proposés par cette méthode mais finalement bien peu inclurent l'ensemble des données disponibles. Quoi qu'il en soit, comparée aux méthodes précédents, SCHA appliquée à la modélisation sur une surface donne comparativement les meilleurs résultats (Düzgit et al., 2000) et fut même utilisée récemment pour tenter de mettre en évidence une variation séculaire régionale (Korte et al.,2000). La solution générale de l'équation de Laplace dans le cas de SCHA est :

$$V(r,\theta,\varphi) = R_E \sum_{k=0}^{k_{max}} \sum_{m=0}^{k} \left(\frac{R_E}{r}\right)^{n_k+1} [g_k^m \cos(m\varphi) + h_k^m \sin(m\varphi)] P_{n_k}^m \cos(\theta) \qquad (I.5)$$

R_E est le rayon moyen de la terre et $\{g_k^m, h_k^m\}$ sont les coefficients de Gauss du développement de SCHA, les coefficients $\{P_{n_k}^m\}$ sont les fonctions de Legendre associées avec les degrés $n_k \in R$ et les ordres $m \in N$.

Cependant, le formalisme proposé par Haines est en partie incorrect car il ne résout que partiellement l'équation de Laplace. Haines n'a imposé des conditions aux limites que sur la surface latérale du domaine conique à base circulaire ($\Theta = \Theta_0$). Pour essayer de remédier à ce problème, Thébault (2005) a introduit également des conditions aux limites sur la surface inférieure ($r_a=R_E$) et la surface supérieure ($r_b=R_E+z_{max}$). Le formalisme ainsi obtenu porte le nom de Modélisation en Harmoniques sur Calotte Sphérique Révisée ou tout Simplement Décomposition en Harmoniques dans un domaine conique fini. Il fait intervenir une nouvelle famille de fonctions, appelées fonctions de Mehler. Il donne des résultats acceptables dans le cas où l'on dispose simultanément des données au sol et des données satellitaires. Toutefois, des problèmes persistent si l'on ne dispose que des données au sol comme le cas de Madagascar.

I.1.4 - Modélisation régionale du champ magnétique dans un domaine conique elliptique

Le domaine conique elliptique Ω_e est défini par l'intersection d'un cone à base elliptique dont le sommet se trouve au centre O de la terre, et de deux sphères concentriques de rayons respectifs r=*a* et r=*b* où *a*=6371,2 km est le rayon moyen de la terre et b est adapté pour pouvoir inclure toutes les données disponibles. Ce domaine est limité par trois surfaces : une surface sphérique supérieure $\partial\Omega_b$, une surface sphérique inférieure $\partial\Omega_a$ et une surface conique elliptique latérale $\partial\Omega_{\omega_0}$ (figure I.1). L'axe Oz' du cone est repéré par sa colatitude Θ_0 et sa longitudeφ_0. Le demi grand angle au sommet et le demi petit angle au sommet du cône elliptique représentant la limite latérale sont notés par Θ_{max} et Θ_{min} respectivement. Il existe un angle d'orientation µ qui est l'angle entre le plan Ozz', contenant le méridien défini parφ_0, et le plan Ox'z', contenant le grand axe de l'ellipse. Sachant que µ correspond à une rotation autour de l'axe Oz, il est aussi compté positivement dans le sens contraire à celui de l'aiguille d'une montre.

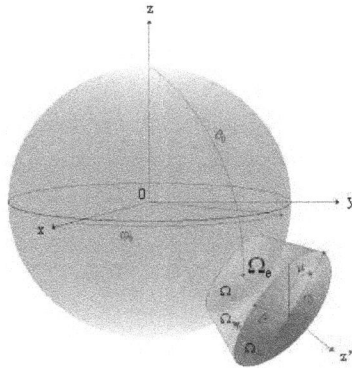

Figure I- 1: *Représentation du domaine conique elliptique Ω_e dans le repère géocentrique (Andriambahoaka, 2008)*

Les coordonnées coniques elliptiques sont r, v, w. Les surfaces des trois types de coniques définissant les coordonnées coniques elliptiques(r, v, w) sont données par la figure I-2 ci-dessous où la surface à r constant est une surface sphérique, la surface à v constant est une surface conique hyperbolique et la surface à w constant est une surface conique elliptique.

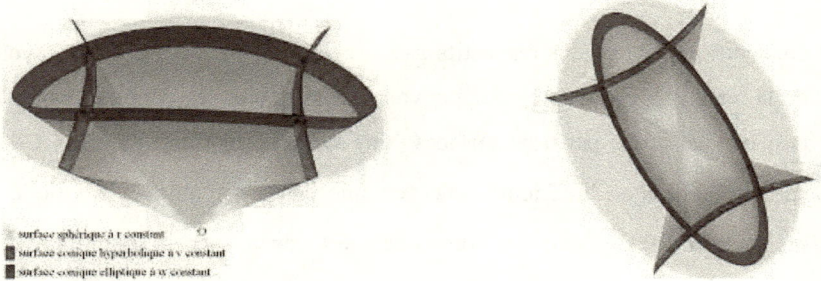

surface sphérique à r constant
surface conique hyperbolique à v constant
surface conique elliptique à w constant

Figure I- 2: *Représentation des surfaces des trois types de coniques définissant les coordonnées coniques elliptiques (r, v, w) (Andriambahoaka, 2008).*

Les harmoniques coniques elliptiques de surface sont définies par le produit de la fonction de Lamé à la surface à w constant $E_n^p(w)$ par la fonction de Lamé à la surface v constant $E_n^p(v)$ analogue avec les harmoniques sphériques de surface. Ces harmoniques coniques elliptiques forment une base orthogonale de l'espace normé L^2 des fonctions de carré intégrable muni du produit scalaire usuel (Hobson, 1931). La résolution de l'équation de Laplace dans le domaine conique elliptique utilise la méthode classique de décomposition de Fourier en écrivant V(r, v, w) sous la forme V(r, v, w)=R(r) F (v, w) et conduit aux expressions des potentiels :

$$V_1(r,v,w) = a \sum_{p=1}^{P_{max}} \sum_{m=0}^{M_{max}} \left[A_p^m R_p(r) Ec_{n_p}^{2m}(w) Ec_{n_p}^{2m}(v) + B_p^m R_p(r) Ec_{n_p}^{2m+1}(w) Ec_{n_p}^{2m+1}(v) + C_p^m R_p(r) Es_{n_p}^{2m+1}(w) Es_{n_p}^{2m+1}(v) + D_p^m R_p(r) Es_{n_p}^{2m+2}(w) Es_{n_p}^{2m+2}(v) \right]$$ (I.7)

utilisant les conditions aux limites mixtes de Dirichlet et de Neumann (Andriambahoaka, 2008).

Cette méthode a été utilisée avec succès pour la modélisation régionale du champ magnétique terrestre en utilisant des données synthétiques correspondant à tous les aérodromes de Madagascar. Le nombre de coefficient utilisé était N_c=544 pour pouvoir déterminer le champ en tout point du domaine conique elliptique et le nombre d'équation était 3xNm=432. Le développement est limité à M_{max}=9, M=7 (où N_C=424) et M=8 (où N_C=472). Ce formalisme est bien capable de modéliser la différence entre les champs internes calculés par les modèles IGRF (International Geomagnetic Reference Field) et CM4 (Sabaka et al., 2004). Il est aussi apte de représenter un champ de potentiel avec une erreur relativement faible. Cependant, il nécessite un nombre de données suffisamment élevé. Ce qui n'est pas le cas de Madagascar.

En résumé, les différentes méthodes précédentes ne nous permettent pas d'exploiter raisonnablement les données des stations de répétitions malgaches. Toutefois, nous proposons de revoir en détail la modélisation dans un domaine rectangulaire pour les raisons suivantes : elle peut-être appliquée même si nous ne disposons que des données au sol, elle n'a pas besoin de considérer encore un model global et le nombre de paramètres nécessaires n'est pas très élevé.

I.2 - Modélisation régionale du champ magnétique dans un domaine rectangulaire

I.2.1 - Résolution de l'équation de Laplace en coordonnée cartésienne

En coordonnées cartésiennes, l'équation de Laplace s'écrit :

$$\Delta V = \frac{\partial^2 V}{\partial x^2} + \frac{\partial^2 V}{\partial y^2} + \frac{\partial^2 V}{\partial z^2} = 0 \tag{I.8}$$

Les solutions données par cette équation sont obtenues par la méthode de séparation de variables dans laquelle on cherche des solutions en x, y, z séparément :

$$V(x, y, z) = V_x(x) V_y(y) V_z(z) \tag{I.9}$$

En substituant I.9 dans I.8, on aura :

$$\frac{d^2[V_x(x)V_y(y)V_z(z)]}{dx^2} + \frac{d^2[V_x(x)V_y(y)V_z(z)]}{dy^2} + \frac{d^2[V_x(x)V_y(y)V_z(z)]}{dz^2} = 0$$

$$V_y(y)V_z(z)\frac{d^2[V_x(x)]}{dx^2}+V_x(x)V_z(z)\frac{d^2[V_y(y)]}{dy^2}+V_x(x)V_y(y)\frac{d^2[V_z(z)]}{dz^2}=0$$

En divisant membre à membre par $V_x(x)V_y(y)V_z(z)$ et on obtient :

$$\frac{1}{V_x(x)}\frac{d^2[V_x(x)]}{dx^2}+\frac{1}{V_y(y)}\frac{d^2[V_y(y)]}{dy^2}+\frac{1}{V_z(z)}\frac{d^2[V_z(z)]}{dz^2}=0 \qquad (I.10)$$

Dans le premier membre de l'équation I.10, le premier terme n'est fonction que de x, le deuxième que de y et le troisième que de z. Chaque terme doit donc être égal à une constante, la somme de ces constantes étant nulle. On aboutit donc à 3 équations différentielles ordinaires :

$$\frac{d^2 V_x(x)}{dx^2}=k_x^{\ 2}V_x(x) \qquad (I.11a)$$

$$\frac{d^2 V_y(y)}{dy^2}=k_y^{\ 2}V_y(y) \qquad (I.11b)$$

$$\frac{d^2 V_z(z)}{dz^2}=k_z^{\ 2}V_z(z) \qquad (I.11c)$$

avec $k_x^{\ 2}+k_y^{\ 2}+k_z^{\ 2}=0$ \qquad (I.11d)

Ces équations sont de la forme $y''-k_x\ y=0$ où k_x sont les valeurs propres attachées à ces équations différentielles et ce sont des problèmes de Sturm Liouville régulier pour les fonctions $V_x(x)$, $V_y(y)$, $V_z(z)$. Les solutions de ces équations sont élémentaire et s'écrit :

$$V_x(x)=A\cos k_x x+B\sin k_x x \qquad \text{si } k_x<0 \qquad (I.12a)$$

$$V_x(x)=A\ x+B \qquad \text{si } k_x=0 \qquad (I.12b)$$

$$V_x(x)=A\operatorname{ch}k_x x+B\operatorname{sh}k_x x \qquad \text{si } k_x>0 \qquad (I.12c)$$

Même raisonnement pour $V_y(y)$ et $V_z(z)$. La solution générale s'écrit sous la forme du produit de ces trois fonctions $V(x, y, z)=\sum V_x(x)V_y(y)V_z(z)$. Toute expression de ce type satisfait à l'équation de Laplace, pour autant que les valeurs de k_x, k_y, k_z obéissent à la condition précédente et aux relations qui découlent des conditions aux limites. La solution générale est donc une combinaison linéaire de ces expressions. Nous allons introduire les indices m et n pour les coefficients

22

correspondant à la valeur de k_x, k_y, k_z. Toute superposition linéaire de solutions élémentaires V(x, y, z) est une solution de l'équation de Laplace. Si c'est une somme d'un nombre infini de termes, il suffit que cette série puisse être trois fois dérivable par rapport à x, y et z.

I.2.2 – Géométrie et formulation du problème

Le domaine d'étude Ω est un parallélépipède rectangle défini par le volume – $x_0 < x < x_0, -y_0 < y < y_0$ et $-z_0 < z < z_0$ dont la particularité est de ne contenir aucune source de champ magnétique.

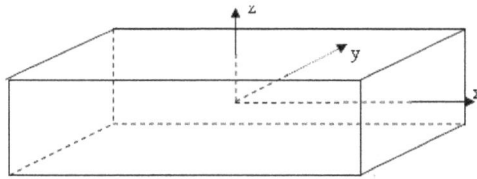

Figure I- 3: *Domaine d'étude Ω.*

Dans ce domaine Ω, le potentiel magnétique V est solution de divers problèmes de condition aux limites suscitées. En imposant des conditions aux limites sur les potentiels, nous avons le problème suivant :

$$\Delta V = 0$$
$$\left(V\right)_{\partial_x \Omega} = F(y, z)$$
$$\left(V\right)_{\partial_y \Omega} = G(x, z) \qquad\qquad (I.13)$$
$$\left(V\right)_{\partial_z \Omega} = H(x, y)$$

où $\partial_x \Omega$ désigne la frontière formée de l'ensemble des 2 surfaces $x = -x_0$ et $x = x_0$; F(y, z) est une fonction connue sur chacune de ces surfaces, définitions analogues $\partial_y \Omega$ et $\partial_z \Omega$ qui constituent la frontière du domaine. Ce problème est appelé problème de Dirichlet. La solution d'un tel problème est unique.

Nous pouvons écrire aussi, en imposant des conditions aux limites sur les dérivées du potentiel le problème suivant :

$$\Delta V = 0$$

$$\left(\frac{\partial V}{\partial n_x}\right)_{\partial,\Omega} = \left(\frac{\partial V}{\partial x}\right)_{\partial,\Omega} = F(y,z)$$

$$\left(\frac{\partial V}{\partial n_y}\right)_{\partial,\Omega} = \left(\frac{\partial V}{\partial y}\right)_{\partial,\Omega} = G(x,z) \qquad (I.14)$$

$$\left(\frac{\partial V}{\partial n_z}\right)_{\partial,\Omega} = \left(\frac{\partial V}{\partial z}\right)_{\partial,\Omega} = H(x,y)$$

où n est le vecteur normal à la surface, dirigé vers l'extérieur. C'est le problème de Neumann. La solution de ce problème n'est unique qu'à une constante près pour le potentiel.

Puis en imposant des conditions aux limites mixtes, nous pouvons aussi définir les problèmes suivants :

$$\Delta V = 0$$

$$\left(\frac{\partial V}{\partial n_x}\right)_{\partial,\Omega} = F(y,z)$$

$$\left(\frac{\partial V}{\partial n_y}\right)_{\partial,\Omega} = G(x,z) \qquad (I.15)$$

$$(V)_{\partial,\Omega} = H(x,y)$$

$$\Delta V = 0$$

$$(V)_{\partial,\Omega} = F(y,z)$$

$$(V)_{\partial,\Omega} = G(x,z) \qquad (I.16)$$

$$\left(\frac{\partial V}{\partial n_z}\right)_{\partial,\Omega} = H(x,y)$$

$$\Delta V = 0$$

$$\left(\frac{\partial V}{\partial n_x}\right)_{\partial,\Omega} = F(y, z)$$

$$(V)_{\partial,\Omega} = G(x, z) \qquad (I.17)$$

$$(V)_{\partial,\Omega} = H(x, y)$$

$$\Delta V = 0$$

$$(V)_{\partial_x \Omega} = F(y, z)$$

$$\left(\frac{\partial V}{\partial n_y} \right)_{\partial_y \Omega} = G(x, z) \tag{I.18}$$

$$\left(\frac{\partial V}{\partial n_z} \right)_{\partial_z \Omega} = H(x, y)$$

$$\Delta V = 0$$

$$\left(\frac{\partial V}{\partial n_x} \right)_{\partial_x \Omega} = F(y, z)$$

$$(V)_{\partial_y \Omega} = G(x, z) \tag{I.19}$$

$$\left(\frac{\partial V}{\partial n_z} \right)_{\partial_z \Omega} = H(x, y)$$

$$\Delta V = 0$$

$$(V)_{\partial_x \Omega} = F(y, z)$$

$$\left(\frac{\partial V}{\partial n_y} \right)_{\partial_y \Omega} = G(x, z) \tag{I.20}$$

$$(V)_{\partial_z \Omega} = H(x, y)$$

La solution de ces problèmes mixtes n'est pas unique.

Les conditions aux limites F, G, H doivent par ailleurs satisfaire la condition de divergence nulle de la relation $\vec{\nabla}.\vec{B} = 0$. En appliquant le théorème d'Ostrogradsky-Gauss au domaine Ω limité par la surface fermée $\partial\Omega = \partial_x \Omega \cup \partial_y \Omega \cup \partial_z \Omega$, on a :

$$\phi = \iint_{\partial_x \Omega} \frac{\partial V}{\partial n} dS_x + \iint_{\partial_y \Omega} \frac{\partial V}{\partial n} dS_y + \iint_{\partial_z \Omega} \frac{\partial V}{\partial n} dS_z = 0 \tag{I.21}$$

Cette relation devra être vérifiée par des conditions aux limites du type Neumann.

Nous savons que la construction des bases de fonctions générant un espace dans lequel on exprime la solution est le principal objectif de la résolution d'un problème de conditions aux limites. Cependant, chaque problème pris indépendamment ne peut être résolu aisément que si l'on fait apparaître des conditions homogènes de Neumann. Dans ce but, chacun des problèmes de conditions aux limites énoncées ci-dessus est décomposé en trois sous problèmes dont la somme des solutions est la solution générale.

Nous définissons donc 3 potentiels V_1, V_2, V_3 solutions des sous problèmes suivants pour le problème I.13 :

$$\Delta V_1 = 0$$
$$(V_1)_{\partial_x \Omega} = F(y,z)$$
$$(V_1)_{\partial_y \Omega} = 0 \qquad\qquad\qquad\qquad\qquad (I.13a)$$
$$(V_1)_{\partial_z \Omega} = 0$$

$$\Delta V_2 = 0$$
$$(V_2)_{\partial_x \Omega} = 0$$
$$(V_2)_{\partial_y \Omega} = G(x,z) \qquad\qquad\qquad\qquad (I.13b)$$
$$(V_2)_{\partial_z \Omega} = 0$$

$$\Delta V_3 = 0$$
$$(V_3)_{\partial_x \Omega} = 0$$
$$(V_3)_{\partial_y \Omega} = 0 \qquad\qquad\qquad\qquad\qquad (I.13c)$$
$$(V_3)_{\partial_z \Omega} = H(x,y)$$

Avec le même raisonnement, pour le problème I.14, nous avons :

$$\Delta V_1 = 0$$
$$\left(\frac{\partial V_1}{\partial x}\right)_{\partial_x \Omega} = F(y,z)$$
$$\left(\frac{\partial V_1}{\partial y}\right)_{\partial_y \Omega} = 0 \qquad\qquad \text{où F satisfait la condition } \iint_{\partial_x \Omega} F dS_x = 0 \qquad (I.14a)$$
$$\left(\frac{\partial V_1}{\partial z}\right)_{\partial_z \Omega} = 0$$

26

$$\Delta V_2 = 0$$

$$\left(\frac{\partial V_2}{\partial x}\right)_{\partial,\Omega} = 0$$

$$\left(\frac{\partial V_2}{\partial y}\right)_{\partial,\Omega} = G(x,z) \qquad \text{où G verifie la condition } \iint_{\partial_y\Omega} GdS_y = 0 \qquad (I.14b)$$

$$\left(\frac{\partial V_2}{\partial z}\right)_{\partial,\Omega} = 0$$

$$\Delta V_3 = 0$$

$$\left(\frac{\partial V_3}{\partial x}\right)_{\partial,\Omega} = 0$$

$$\left(\frac{\partial V_3}{\partial y}\right)_{\partial,\Omega} = 0 \qquad \text{où H satisfait la condition } \iint_{\partial_z\Omega} HdS_z = 0 \qquad (I.14c)$$

$$\left(\frac{\partial V_3}{\partial z}\right)_{\partial,\Omega} = H(x,\ y)$$

Pour le problème I.15 :

$$\Delta V_1 = 0$$

$$\left(\frac{\partial V_1}{\partial x}\right)_{\partial,\Omega} = F(y,z)$$

$$\left(\frac{\partial V_1}{\partial y}\right)_{\partial,\Omega} = 0 \qquad (I.15a)$$

$$(V_1)_{\partial,\Omega} = 0$$

$$\Delta V_2 = 0$$

$$\left(\frac{\partial V_2}{\partial x}\right)_{\partial,\Omega} = 0$$

$$\left(\frac{\partial V_2}{\partial y}\right)_{\partial,\Omega} = G(x,z) \qquad (I.15b)$$

$$(V_2)_{\partial,\Omega} = 0$$

27

$$\Delta V_3 = 0$$
$$\left(\frac{\partial V_3}{\partial x}\right)_{\partial_x \Omega} = 0$$
$$\left(\frac{\partial V_3}{\partial y}\right)_{\partial_y \Omega} = 0 \qquad (I.15c)$$
$$(V_3)_{\partial_z \Omega} = H(x,y)$$

Pour le problème I.16 :

$$\Delta V_1 = 0$$
$$(V_1)_{\partial_x \Omega} = F(y,z)$$
$$(V_1)_{\partial_y \Omega} = 0 \qquad (I.16a)$$
$$\left(\frac{\partial V_1}{\partial z}\right)_{\partial_z \Omega} = 0$$

$$\Delta V_2 = 0$$
$$(V_2)_{\partial_x \Omega} = 0$$
$$(V_2)_{\partial_y \Omega} = G(x,z) \qquad (I.16b)$$
$$\left(\frac{\partial V_2}{\partial z}\right)_{\partial_z \Omega} = 0$$

$$\Delta V_3 = 0$$
$$(V_3)_{\partial_x \Omega} = 0$$
$$(V_3)_{\partial_y \Omega} = 0 \qquad (I.16c)$$
$$\left(\frac{\partial V_3}{\partial z}\right)_{\partial_z \Omega} = H(x,y)$$

Pour le problème I.17 :

$$\Delta V_1 = 0$$
$$\left(\frac{\partial V_1}{\partial x}\right)_{\partial_x \Omega} = F(y,z)$$
$$(V_1)_{\partial_y \Omega} = 0 \qquad (I.17a)$$
$$(V_1)_{\partial_z \Omega} = 0$$

$$\Delta V_2 = 0$$
$$\left(\frac{\partial V_2}{\partial x} \right)_{\partial_x \Omega} = 0$$
$$\left(V_2 \right)_{\partial_y \Omega} = G(x, z) \quad\quad\quad (I.17b)$$
$$\left(V_2 \right)_{\partial_z \Omega} = 0$$

$$\Delta V_3 = 0$$
$$\left(\frac{\partial V_3}{\partial x} \right)_{\partial_x \Omega} = 0$$
$$\left(V_3 \right)_{\partial_y \Omega} = 0 \quad\quad\quad (I.17c)$$
$$\left(V_3 \right)_{\partial_z \Omega} = H(x, y)$$

Pour le problème I.18 :

$$\Delta V_1 = 0$$
$$\left(V_1 \right)_{\partial_x \Omega} = F(y, z)$$
$$\left(\frac{\partial V_1}{\partial y} \right)_{\partial_y \Omega} = 0 \qu\quad\quad (I.18a)$$
$$\left(\frac{\partial V_1}{\partial z} \right)_{\partial_z \Omega} = 0$$

$$\Delta V_2 = 0$$
$$\left(V_2 \right)_{\partial_x \Omega} = 0$$
$$\left(\frac{\partial V_2}{\partial y} \right)_{\partial_y \Omega} = G(x, z) \quad\quad\quad (I.18b)$$
$$\left(\frac{\partial V_2}{\partial z} \right)_{\partial_z \Omega} = 0$$

$$\Delta V_3 = 0$$
$$\left(V_3 \right)_{\partial_x \Omega} = 0$$
$$\left(\frac{\partial V_3}{\partial y} \right)_{\partial_y \Omega} = 0 \quad\quad\quad (I.18c)$$
$$\left(\frac{\partial V_3}{\partial z} \right)_{\partial_z \Omega} = H(x, y)$$

Pour le problème I.19 :

$$\Delta V_1 = 0$$
$$\left(\frac{\partial V_1}{\partial x}\right)_{\partial_x \Omega} = F(y,z)$$
$$(V_1)_{\partial_y \Omega} = 0$$
$$\left(\frac{\partial V_1}{\partial z}\right)_{\partial_z \Omega} = 0$$

(I.19a)

$$\Delta V_2 = 0$$
$$\left(\frac{\partial V_2}{\partial x}\right)_{\partial_x \Omega} = 0$$
$$(V_2)_{\partial_y \Omega} = G(x,z)$$
$$\left(\frac{\partial V_2}{\partial z}\right)_{\partial_z \Omega} = 0$$

(I.19b)

$$\Delta V_3 = 0$$
$$\left(\frac{\partial V_3}{\partial x}\right)_{\partial_x \Omega} = 0$$
$$(V_3)_{\partial_y \Omega} = 0$$
$$\left(\frac{\partial V_3}{\partial z}\right)_{\partial_z \Omega} = H(x,y)$$

(I.19c)

Pour le problème I.20 :

$$\Delta V_1 = 0$$
$$(V_1)_{\partial_x \Omega} = F(y,z)$$
$$\left(\frac{\partial V_1}{\partial y}\right)_{\partial_{yz} \Omega} = 0$$
$$(V_1)_{\partial_z \Omega} = 0$$

(I.20a)

$$\Delta V_2 = 0$$
$$(V_2)_{\partial_x\Omega} = 0$$
$$\left(\frac{\partial V_2}{\partial y}\right)_{\partial_{yz}\Omega} = G(x,z) \qquad\qquad (I.20b)$$
$$(V_2)_{\partial_z\Omega} = 0$$

$$\Delta V_3 = 0$$
$$(V_3)_{\partial_x\Omega} = F(y,z)$$
$$\left(\frac{\partial V_3}{\partial y}\right)_{\partial_{yz}\Omega} = 0 \qquad\qquad (I.20c)$$
$$(V_3)_{\partial_z\Omega} = H(x,y)$$

Nous allons donc résoudre chacun des huit problèmes précédents. Puis nous attacherons à retenir celui qui respecte au mieux certaines propriétés mathématiques importantes telles que l'orthogonalité des gradients de potentiel et les conditions de flux.

I.2.3 - Résolution des problèmes des conditions aux limites

Nous avons décomposé en trois sous problèmes chacun des problèmes précédents alors les solutions particulières obtenues sont :

Pour les sous problèmes I.13a - I.13b - I.13c (problème de Dirichlet) :

$$V_1(x,y,z) = D_{a1}^{m,n} A_1^{m,n} + D_{b1}^{m,n} B_1^{m,n} \qquad\qquad (I.21a)$$

$$V_2(x,y,z) = D_{a2}^{m,n} A_2^{m,n} + D_{b2}^{m,n} B_2^{m,n} \qquad\qquad (I.21b)$$

$$V_3(x,y,z) = D_{a3}^{m,n} A_3^{m,n} + D_{b3}^{m,n} B_3^{m,n} \qquad\qquad (I.21c)$$

avec

$$D_{a1}^{m,n} = [\cos\frac{\pi m y}{2y_0}\cos\frac{\pi n z}{2z_0} + (-1)^{n+1}\cos\frac{\pi m y}{2y_0}\sin\frac{\pi n z}{2z_0} +$$
$$(-1)^{m+1}\sin\frac{\pi m y}{2y_0}\cos\frac{\pi n z}{2z_0} + (-1)^{m+n}\sin\frac{\pi m y}{2y_0}\sin\frac{\pi n z}{2z_0}]\ e^{\frac{\pi}{2}\left(\frac{m^2}{y_0^2}+\frac{n^2}{z_0^2}\right)^{1/2} x} \qquad (I.21d)$$

$$D_{b1}^{m,n} = [\cos\frac{\pi m y}{2y_0}\cos\frac{\pi n z}{2z_0} + (-1)^{n+1}\cos\frac{\pi m y}{2y_0}\sin\frac{\pi n z}{2z_0} +$$

$$(-1)^{m+1}\sin\frac{\pi m y}{2y_0}\cos\frac{\pi n z}{2z_0} + (-1)^{m+n}\sin\frac{\pi m y}{2y_0}\sin\frac{\pi n z}{2z_0}]e^{-\frac{\pi}{2}\left(\frac{m^2}{y_0^2}+\frac{n^2}{z_0^2}\right)^{1/2}x} \qquad (I.21e)$$

$$D_{a2}^{m,n} = [\cos\frac{\pi m z}{2z_0}\cos\frac{\pi n x}{2x_0} + (-1)^{n+1}\cos\frac{\pi m z}{2z_0}\sin\frac{\pi n x}{2x_0} +$$

$$(-1)^{m+1}\sin\frac{\pi m z}{2z_0}\cos\frac{\pi n x}{2x_0} + (-1)^{m+n}\sin\frac{\pi m z}{2z_0}\sin\frac{\pi n x}{2x_0}]e^{\frac{\pi}{2}\left(\frac{m^2}{z_0^2}+\frac{n^2}{x_0^2}\right)^{1/2}y} \qquad (I.21f)$$

$$D_{b2}^{m,n} = [\cos\frac{\pi m z}{2z_0}\cos\frac{\pi n x}{2x_0} + (-1)^{n+1}\cos\frac{\pi m z}{2z_0}\sin\frac{\pi n x}{2x_0} +$$

$$(-1)^{m+1}\sin\frac{\pi m z}{2z_0}\cos\frac{\pi n x}{2x_0} + (-1)^{m+n}\sin\frac{\pi m z}{2z_0}\sin\frac{\pi n x}{2x_0}]e^{-\frac{\pi}{2}\left(\frac{m^2}{z_0^2}+\frac{n^2}{x_0^2}\right)^{1/2}y} \qquad (I.21g)$$

$$D_{a3}^{m,n} = [\cos\frac{\pi m x}{2x_0}\cos\frac{\pi n y}{2y_0} + (-1)^{n+1}\cos\frac{\pi m x}{2x_0}\sin\frac{\pi n y}{2y_0} +$$

$$(-1)^{m+1}\sin\frac{\pi m x}{2x_0}\cos\frac{\pi n y}{2y_0} + (-1)^{m+n}\sin\frac{\pi m x}{2x_0}\sin\frac{\pi n y}{2y_0}]e^{\frac{\pi}{2}\left(\frac{m^2}{x_0^2}+\frac{n^2}{y_0^2}\right)^{1/2}z} \qquad (I.21h)$$

$$D_{b3}^{m,n} = [\cos\frac{\pi m x}{2x_0}\cos\frac{\pi n y}{2y_0} + (-1)^{n+1}\cos\frac{\pi m x}{2x_0}\sin\frac{\pi n y}{2y_0} +$$

$$(-1)^{m+1}\sin\frac{\pi m x}{2x_0}\cos\frac{\pi n y}{2y_0} + (-1)^{m+n}\sin\frac{\pi m x}{2x_0}\sin\frac{\pi n y}{2y_0}]e^{-\frac{\pi}{2}\left(\frac{m^2}{x_0^2}+\frac{n^2}{y_0^2}\right)^{1/2}z} \qquad (I.21i)$$

Pour les sous problèmes I.14a - I.14b - I.14c (problème de Neumann) :

$$V_1(x,y,z) = N_{a1}^{m,n}A_1^{m,n} + N_{b1}^{m,n}B_1^{m,n} \qquad (I.22a)$$

$$V_2(x,y,z) = N_{a2}^{m,n}A_2^{m,n} + N_{b2}^{m,n}B_2^{m,n} \qquad (I.22b)$$

$$V_3(x,y,z) = N_{a3}^{m,n}A_3^{m,n} + N_{b3}^{m,n}B_3^{m,n} \qquad (I.22c)$$

Avec

$$N_{a1}^{m,n} = [\cos\frac{\pi m\, y}{2y_0}\cos\frac{\pi n\, z}{2z_0} + (-1)^n\cos\frac{\pi m\, y}{2y_0}\sin\frac{\pi n\, z}{2z_0} +$$
$$(-1)^m\sin\frac{\pi m\, y}{2y_0}\cos\frac{\pi n\, z}{2z_0} + (-1)^{m+n}\sin\frac{\pi m\, y}{2y_0}\sin\frac{\pi n\, z}{2z_0}]\ e^{\frac{\pi}{2}\left(\frac{m^2}{y_0^2}+\frac{n^2}{z_0^2}\right)^{1/2} x} \qquad (I.22d)$$

$$N_{b1}^{m,n} = [\cos\frac{\pi m\, y}{2y_0}\cos\frac{\pi n\, z}{2z_0} + (-1)^n\cos\frac{\pi m\, y}{2y_0}\sin\frac{\pi n\, z}{2z_0} +$$
$$(-1)^m\sin\frac{\pi m\, y}{2y_0}\cos\frac{\pi n\, z}{2z_0} + (-1)^{m+n}\sin\frac{\pi m\, y}{2y_0}\sin\frac{\pi n\, z}{2z_0}]e^{-\frac{\pi}{2}\left(\frac{m^2}{y_0^2}+\frac{n^2}{z_0^2}\right)^{1/2} x} \qquad (I.22e)$$

$$N_{a2}^{m,n} = [\cos\frac{\pi m\, z}{2z_0}\cos\frac{\pi n\, x}{2x_0} + (-1)^n\cos\frac{\pi m\, z}{2z_0}\sin\frac{\pi n\, x}{2x_0} +$$
$$(-1)^m\sin\frac{\pi m\, z}{2z_0}\cos\frac{\pi n\, x}{2x_0} + (-1)^{m+n}\sin\frac{\pi m\, z}{2z_0}\sin\frac{\pi n\, x}{2x_0}]\ e^{\frac{\pi}{2}\left(\frac{m^2}{z_0^2}+\frac{n^2}{x_0^2}\right)^{1/2} y} \qquad (I.22f)$$

$$N_{b2}^{m,n} = [\cos\frac{\pi m\, z}{2z_0}\cos\frac{\pi n\, x}{2x_0} + (-1)^n\cos\frac{\pi m\, z}{2z_0}\sin\frac{\pi n\, x}{2x_0} +$$
$$(-1)^m\sin\frac{\pi m\, z}{2z_0}\cos\frac{\pi n\, x}{2x_0} + (-1)^{m+n}\sin\frac{\pi m\, z}{2z_0}\sin\frac{\pi n\, x}{2x_0}]\ e^{-\frac{\pi}{2}\left(\frac{m^2}{z_0^2}+\frac{n^2}{x_0^2}\right)^{1/2} y} \qquad (I.22g)$$

$$N_{a3}^{m,n} = [\cos\frac{\pi m\, x}{2x_0}\cos\frac{\pi n\, y}{2y_0} + (-1)^n\cos\frac{\pi m\, x}{2x_0}\sin\frac{\pi n\, y}{2y_0} +$$
$$(-1)^m\sin\frac{\pi m\, x}{2x_0}\cos\frac{\pi n\, y}{2y_0} + (-1)^{m+n}\sin\frac{\pi m\, x}{2x_0}\sin\frac{\pi n\, y}{2y_0}]e^{\frac{\pi}{2}\left(\frac{m^2}{x_0^2}+\frac{n^2}{y_0^2}\right)^{1/2} z} \qquad (I.22h)$$

$$N_{b3}^{m,n} = [\cos\frac{\pi m\, x}{2x_0}\cos\frac{\pi n\, y}{2y_0} + (-1)^n\cos\frac{\pi m\, x}{2x_0}\sin\frac{\pi n\, y}{2y_0} +$$
$$(-1)^m\sin\frac{\pi m\, x}{2x_0}\cos\frac{\pi n\, y}{2y_0} + (-1)^{m+n}\sin\frac{\pi m\, x}{2x_0}\sin\frac{\pi n\, y}{2y_0}]e^{-\frac{\pi}{2}\left(\frac{m^2}{x_0^2}+\frac{n^2}{y_0^2}\right)^{1/2} z} \qquad (I.22i)$$

Les indices m et n sont choisis de manière symétrique pour tous les problèmes m $\in$ N*
et n $\in$ N*.

Les solutions générales de tous ces problèmes doit –être la somme de toutes les solutions des sous problèmes en les combinant linéairement pour les problèmes mixtes I.15 - I.16 - I.17 - I.18 - I.19 - I.20 donc :

Pour le problème I.13, la solution générale s'écrit $V(x, y, z) = V_1(x, y, z) + V_2(x, y, z) + V_3(x, y, z)$ c'est-à-dire :

$$V(x,y,z) = \sum_{m=1}^{\infty}\sum_{n=1}^{\infty} [D_{a1}^{m,n}A_1^{m,n} + D_{b1}^{m,n}B_1^{m,n} +$$
$$D_{a2}^{m,n}A_2^{m,n} + D_{b2}^{m,n}B_2^{m,n} + \qquad (I.23a)$$
$$D_{a3}^{m,n}A_3^{m,n} + D_{b3}^{m,n}B_3^{m,n}]$$

Pour le problème I.14,

$$V(x,y,z) = \sum_{m=1}^{\infty}\sum_{n=1}^{\infty} [N_{a1}^{m,n}A_1^{m,n} + N_{b1}^{m,n}B_1^{m,n} +$$
$$N_{a2}^{m,n}A_2^{m,n} + N_{b2}^{m,n}B_2^{m,n} + \qquad (I.23b)$$
$$N_{a3}^{m,n}A_3^{m,n} + N_{b3}^{m,n}B_3^{m,n}]$$

Pour le problème I.15,

$$V(x,y,z) = A_1^{0,0} + B_1^{0,0} + A_2^{0,0} + B_2^{0,0} + \sum_{m=1}^{\infty}\sum_{n=1}^{\infty} [N_{a1}^{m,n}A_1^{m,n} + N_{b1}^{m,n}B_1^{m,n}$$
$$+ N_{a2}^{m,n}A_2^{m,n} + N_{b2}^{m,n}B_2^{m,n} + D_{a3}^{m,n}A_3^{m,n} + D_{b3}^{m,n}B_3^{m,n}] \qquad (I.23c)$$

Pour le problème I.16,

$$V(x,y,z) = A_3^{0,0} + B_3^{0,0} + \sum_{m=1}^{\infty}\sum_{n=1}^{\infty} [D_{a1}^{m,n}A_1^{m,n} + D_{b1}^{m,n}B_1^{m,n}$$
$$+ D_{a2}^{m,n}A_2^{m,n} + D_{b2}^{m,n}B_2^{m,n} + N_{a3}^{m,n}A_3^{m,n} + N_{b3}^{m,n}B_3^{m,n}] \qquad (I.23d)$$

Pour le problème I.17,

$$V(x,y,z) = A_2^{0,0} \quad + \quad B_2^{0,0} \quad + \quad \sum_{m=1}^{\infty}\sum_{n=1}^{\infty} [N_{a1}^{m,n}A_1^{m,n} + N_{b1}^{m,n}B_1^{m,n}$$

$$+ D_{a2}^{m,n}A_2^{m,n} + D_{b2}^{m,n}B_2^{m,n} \quad + \quad D_{a3}^{m,n}A_3^{m,n} + D_{b3}^{m,n}B_3^{m,n}] \qquad (I.23e)$$

Pour le problème I.18,

$$V(x,y,z) = A_2^{0,0} + B_2^{0,0} + A_3^{0,0} + B_3^{0,0} + \sum_{m=1}^{\infty}\sum_{n=1}^{\infty} [D_{a1}^{m,n}A_1^{m,n} + D_{b1}^{m,n}B_1^{m,n}$$

$$+ N_{a2}^{m,n}A_2^{m,n} + N_{b2}^{m,n}B_2^{m,n} \quad + \quad N_{a3}^{m,n}A_3^{m,n} + N_{b3}^{m,n}B_3^{m,n}] \qquad (I.23f)$$

Pour le problème I.19,

$$V(x,y,z) = A_1^{0,0} + B_1^{0,0} + A_3^{0,0} + B_3^{0,0} + \sum_{m=1}^{\infty}\sum_{n=1}^{\infty} [N_{a1}^{m,n}A_1^{m,n} + N_{b1}^{m,n}B_1^{m,n}$$

$$+ D_{a2}^{m,n}A_2^{m,n} + D_{b2}^{m,n}B_2^{m,n} \quad + \quad N_{a3}^{m,n}A_3^{m,n} + N_{b3}^{m,n}B_3^{m,n}] \qquad (I.23g)$$

Pour le problème I.20,

$$V(x,y,z) = A_2^{0,0} \quad + \quad B_2^{0,0} \quad + \quad \sum_{m=1}^{\infty}\sum_{n=1}^{\infty} [D_{a1}^{m,n}A_1^{m,n} + D_{b1}^{m,n}B_1^{m,n}$$

$$+ N_{a2}^{m,n}A_2^{m,n} + N_{b2}^{m,n}B_2^{m,n} \quad + \quad D_{a3}^{m,n}A_3^{m,n} + D_{b3}^{m,n}B_3^{m,n}] \qquad (I.23h)$$

Nous allons maintenant examiner certaines propriétés importantes d'un champ de potentiel comme le champ géomagnétique.

I.3– Propriétés importantes d'un champ de potentiel

I.3.1– Normalisation des fonctions de base

Pour simplifier les expressions des produits scalaires d'une part, et pour obtenir des valeurs numériques qui ne sont pas trop grandes d'autre part, il est souvent préférable d'utiliser des fonctions normalisées.

Pour les fonctions cosinus et sinus, nous n'avons plus besoin de normalisation car ce sont des fonctions appartenant déjà à l'intervalle [-1,1] mais en ce qui concerne les fonctions exponentielles dans l'expression des fonctions de base I.21d - I.21e - I.21f - I.21g - I.21h - I.21i - I.22d -I.22e - I.22f - I.22g - I.22h - I.22i, nous allons les normaliser de telle manière que :

$$\left\| e^t \right\|^2 = \int_{-x_0}^{x_0} \left| e^t \right|^2 dt = a \tag{I.24a}$$

Dans ce cas la fonction normalisée sera donc :

$$F_{\text{normée}} = \frac{1}{\sqrt{a}} \left[e^t \right]_{-x_0}^{x_0} \tag{I.24b}$$

Alors, les fonctions de base normalisées sont telles que :

$$D_{a1}^{m,n} = \frac{2 \cos^{1/2} \left(\frac{\pi}{2} \left(\frac{m^2}{y_0^2} + \frac{n^2}{z_0^2} \right)^{1/2} x_0 \right)}{\pi^{1/2} \left(\frac{m^2}{y_0^2} + \frac{n^2}{z_0^2} \right)^{1/2}} \left[\cos \frac{\pi m y}{2y_0} \cos \frac{\pi n z}{2z_0} + (-1)^{n+1} \cos \frac{\pi m y}{2y_0} \sin \frac{\pi n z}{2z_0} + \right.$$

$$\left. (-1)^{m+1} \sin \frac{\pi m y}{2y_0} \cos \frac{\pi n z}{2z_0} + (-1)^{m+n} \sin \frac{\pi m y}{2y_0} \sin \frac{\pi n z}{2z_0} \right] e^{\frac{\pi}{2} \left(\frac{m^2}{y_0^2} + \frac{n^2}{z_0^2} \right)^{1/2} x} \tag{I.24c}$$

$$D_{b1}^{m,n} = -\frac{2 \cos^{1/2} \left(\frac{\pi}{2} \left(\frac{m^2}{y_0^2} + \frac{n^2}{z_0^2} \right)^{1/2} x_0 \right)}{\pi^{1/2} \left(\frac{m^2}{y_0^2} + \frac{n^2}{z_0^2} \right)^{1/2}} \left[\cos \frac{\pi m y}{2y_0} \cos \frac{\pi n z}{2z_0} + (-1)^{n+1} \cos \frac{\pi m y}{2y_0} \sin \frac{\pi n z}{2z_0} + \right.$$

$$\left. (-1)^{m+1} \sin \frac{\pi m y}{2y_0} \cos \frac{\pi n z}{2z_0} + (-1)^{m+n} \sin \frac{\pi m y}{2y_0} \sin \frac{\pi n z}{2z_0} \right] e^{-\frac{\pi}{2} \left(\frac{m^2}{y_0^2} + \frac{n^2}{z_0^2} \right)^{1/2} x} \tag{I.24d}$$

$$D_{a2}^{m,n} = \frac{2 \cos^{1/2} \left(\frac{\pi}{2} \left(\frac{m^2}{z_0^2} + \frac{n^2}{x_0^2} \right)^{1/2} y_0 \right)}{\pi^{1/2} \left(\frac{m^2}{z_0^2} + \frac{n^2}{x_0^2} \right)^{1/2}} \left[\cos \frac{\pi m z}{2z_0} \cos \frac{\pi n x}{2x_0} + (-1)^{n+1} \cos \frac{\pi m z}{2z_0} \sin \frac{\pi n x}{2x_0} + \right.$$

$$\left. (-1)^{m+1} \sin \frac{\pi m z}{2z_0} \cos \frac{\pi n x}{2x_0} + (-1)^{m+n} \sin \frac{\pi m z}{2z_0} \sin \frac{\pi n x}{2x_0} \right] e^{\frac{\pi}{2} \left(\frac{m^2}{z_0^2} + \frac{n^2}{x_0^2} \right)^{1/2} y} \tag{I.24e}$$

$$D_{b2}^{m,n} = \frac{-2\cos^{1/2}(\frac{\pi}{2}\left(\frac{m^2}{z_0^2}+\frac{n^2}{x_0^2}\right)^{1/2} y_0)}{\pi^{1/2}\left(\frac{m^2}{z_0^2}+\frac{n^2}{x_0^2}\right)^{1/2}}[\cos\frac{\pi m z}{2z_0}\cos\frac{\pi n x}{2x_0}+(-1)^{n+1}\cos\frac{\pi m z}{2z_0}\sin\frac{\pi n x}{2x_0}+$$

$$(-1)^{m+1}\sin\frac{\pi m z}{2z_0}\cos\frac{\pi n x}{2x_0}+(-1)^{m+n}\sin\frac{\pi m z}{2z_0}\sin\frac{\pi n x}{2x_0}]\ e^{-\frac{\pi}{2}\left(\frac{m^2}{z_0^2}+\frac{n^2}{x_0^2}\right)^{1/2} y} \qquad (I.24f)$$

$$D_{a3}^{m,n} = \frac{2\cos^{1/2}(\frac{\pi}{2}\left(\frac{m^2}{x_0^2}+\frac{n^2}{y_0^2}\right)^{1/2} z_0)}{\pi^{1/2}\left(\frac{m^2}{x_0^2}+\frac{n^2}{y_0^2}\right)^{1/2}}\ [\cos\frac{\pi m x}{2x_0}\cos\frac{\pi n y}{2y_0}+(-1)^{n+1}\cos\frac{\pi m x}{2x_0}\sin\frac{\pi n y}{2y_0}+$$

$$(-1)^{m+1}\sin\frac{\pi m x}{2x_0}\cos\frac{\pi n y}{2y_0}+(-1)^{m+n}\sin\frac{\pi m x}{2x_0}\sin\frac{\pi n y}{2y_0}]e^{\frac{\pi}{2}\left(\frac{m^2}{x_0^2}+\frac{n^2}{y_0^2}\right)^{1/2} z} \qquad (I.24g)$$

$$D_{a3}^{m,n} = -\frac{2\cos^{1/2}(\frac{\pi}{2}\left(\frac{m^2}{x_0^2}+\frac{n^2}{y_0^2}\right)^{1/2} z_0)}{\pi^{1/2}\left(\frac{m^2}{x_0^2}+\frac{n^2}{y_0^2}\right)^{1/2}}\ [\cos\frac{\pi m x}{2x_0}\cos\frac{\pi n y}{2y_0}+(-1)^{n+1}\cos\frac{\pi m x}{2x_0}\sin\frac{\pi n y}{2y_0}+$$

$$(-1)^{m+1}\sin\frac{\pi m x}{2x_0}\cos\frac{\pi n y}{2y_0}+(-1)^{m+n}\sin\frac{\pi m x}{2x_0}\sin\frac{\pi n y}{2y_0}]e^{\frac{\pi}{2}\left(\frac{m^2}{x_0^2}+\frac{n^2}{y_0^2}\right)^{1/2} z} \qquad (I.24h)$$

$$N_{a1}^{m,n} = \frac{2\cos^{1/2}(\frac{\pi}{2}\left(\frac{m^2}{y_0^2}+\frac{n^2}{z_0^2}\right)^{1/2} z_0)}{\pi^{1/2}\left(\frac{m^2}{y_0^2}+\frac{n^2}{z_0^2}\right)^{1/2}}\ [\cos\frac{\pi m y}{2y_0}\cos\frac{\pi n z}{2z_0}+(-1)^{n}\cos\frac{\pi m y}{2y_0}\sin\frac{\pi n z}{2z_0}+$$

$$(-1)^{m}\sin\frac{\pi m y}{2y_0}\cos\frac{\pi n z}{2z_0}+(-1)^{m+n}\sin\frac{\pi m y}{2y_0}\sin\frac{\pi n z}{2z_0}]\ e^{\frac{\pi}{2}\left(\frac{m^2}{y_0^2}+\frac{n^2}{z_0^2}\right)^{1/2} x} \qquad (I.24i)$$

$$N_{b1}^{m,n} = -\frac{2\cos^{1/2}(\frac{\pi}{2}\left(\frac{m^2}{y_0^2}+\frac{n^2}{z_0^2}\right)^{1/2} z_0)}{\pi^{1/2}\left(\frac{m^2}{y_0^2}+\frac{n^2}{z_0^2}\right)^{1/2}}[\cos\frac{\pi m y}{2y_0}\cos\frac{\pi n z}{2z_0}+(-1)^{n}\cos\frac{\pi m y}{2y_0}\sin\frac{\pi n z}{2z_0}+$$

$$(-1)^{m}\sin\frac{\pi m y}{2y_0}\cos\frac{\pi n z}{2z_0}+(-1)^{m+n}\sin\frac{\pi m y}{2y_0}\sin\frac{\pi n z}{2z_0}]e^{-\frac{\pi}{2}\left(\frac{m^2}{y_0^2}+\frac{n^2}{z_0^2}\right)^{1/2} x} \qquad (I.24j)$$

$$N_{a2}^{m,n} = \frac{2\cos^{1/2}\left(\frac{\pi}{2}\left(\frac{m^2}{z_0^2}+\frac{n^2}{x_0^2}\right)^{1/2} y_0\right)}{\pi^{1/2}\left(\frac{m^2}{z_0^2}+\frac{n^2}{x_0^2}\right)^{1/2}} \left[\cos\frac{\pi\, m\, z}{2z_0}\cos\frac{\pi\, n\, x}{2x_0}+(-1)^n\cos\frac{\pi\, m\, z}{2z_0}\sin\frac{\pi\, n\, x}{2x_0}+\right.$$

$$\left.(-1)^m\sin\frac{\pi\, m\, z}{2z_0}\cos\frac{\pi\, n\, x}{2x_0}+(-1)^{m+n}\sin\frac{\pi\, m\, z}{2z_0}\sin\frac{\pi\, n\, x}{2x_0}\right]\, e^{\frac{\pi}{2}\left(\frac{m^2}{z_0^2}+\frac{n^2}{x_0^2}\right)^{1/2} y}$$

(I.24k)

$$N_{b2}^{m,n} = -\frac{2\cos^{1/2}\left(\frac{\pi}{2}\left(\frac{m^2}{z_0^2}+\frac{n^2}{x_0^2}\right)^{1/2} y_0\right)}{\pi^{1/2}\left(\frac{m^2}{z_0^2}+\frac{n^2}{x_0^2}\right)^{1/2}} \left[\cos\frac{\pi\, m\, z}{2z_0}\cos\frac{\pi\, n\, x}{2x_0}+(-1)^n\cos\frac{\pi\, m\, z}{2z_0}\sin\frac{\pi\, n\, x}{2x_0}+\right.$$

$$\left.(-1)^m\sin\frac{\pi\, m\, z}{2z_0}\cos\frac{\pi\, n\, x}{2x_0}+(-1)^{m+n}\sin\frac{\pi\, m\, z}{2z_0}\sin\frac{\pi\, n\, x}{2x_0}\right]\, e^{-\frac{\pi}{2}\left(\frac{m^2}{z_0^2}+\frac{n^2}{x_0^2}\right)^{1/2} y}$$

(I.24l)

$$N_{a3}^{m,n} = \frac{2\cos^{1/2}\left(\frac{\pi}{2}\left(\frac{m^2}{x_0^2}+\frac{n^2}{y_0^2}\right)^{1/2} z_0\right)}{\pi^{1/2}\left(\frac{m^2}{x_0^2}+\frac{n^2}{y_0^2}\right)^{1/2}} \left[\cos\frac{\pi\, m\, x}{2x_0}\cos\frac{\pi\, n\, y}{2y_0}+(-1)^n\cos\frac{\pi\, m\, x}{2x_0}\sin\frac{\pi\, n\, y}{2y_0}+\right.$$

$$\left.(-1)^m\sin\frac{\pi\, m\, x}{2x_0}\cos\frac{\pi\, n\, y}{2y_0}+(-1)^{m+n}\sin\frac{\pi\, m\, x}{2x_0}\sin\frac{\pi\, n\, y}{2y_0}\right] e^{\frac{\pi}{2}\left(\frac{m^2}{x_0^2}+\frac{n^2}{y_0^2}\right)^{1/2} z}$$

(I.24m)

$$N_{b3}^{m,n} = -\frac{2\cos^{1/2}\left(\frac{\pi}{2}\left(\frac{m^2}{x_0^2}+\frac{n^2}{y_0^2}\right)^{1/2} z_0\right)}{\pi^{1/2}\left(\frac{m^2}{x_0^2}+\frac{n^2}{y_0^2}\right)^{1/2}} \left[\cos\frac{\pi\, m\, x}{2x_0}\cos\frac{\pi\, n\, y}{2y_0}+(-1)^n\cos\frac{\pi\, m\, x}{2x_0}\sin\frac{\pi\, n\, y}{2y_0}+\right.$$

$$\left.(-1)^m\sin\frac{\pi\, m\, x}{2x_0}\cos\frac{\pi\, n\, y}{2y_0}+(-1)^{m+n}\sin\frac{\pi\, m\, x}{2x_0}\sin\frac{\pi\, n\, y}{2y_0}\right] e^{-\frac{\pi}{2}\left(\frac{m^2}{x_0^2}+\frac{n^2}{y_0^2}\right)^{1/2} z}$$

(I.24n)

I.3.2 - Condition de flux

Pour le problème I.13, les conditions aux limites portent sur le potentiel plutôt que sur ses dérivées. Aucune contrainte n'est imposée sur le gradient des potentiels V_1, V_2 et V_3 et donc la condition de flux est automatiquement satisfaite.

Pour le problème I.14, les conditions aux limites portent sur la dérivée des potentiels et pour que la décomposition en trois sous problèmes soit correcte, il faut que les conditions de flux soient respectées séparément par F, G, H qui seront dans ce cas la composante B_x sur la frontière $\partial_x\Omega$, la composante B_y sur $\partial_y\Omega$ et la composante B_z sur $\partial_z\Omega$. D'après le calcul de F(y, z), G(x, z), H(x, y), on montre respectivement que :

$$\iint_{\partial_x\Omega} F dS_x = 0, \quad \iint_{\partial_y\Omega} G dS_y = 0 \quad \text{et} \quad \iint_{\partial_z\Omega} H dS_z = 0$$ d'où le flux est donné par $\Phi=0$ alors la condition de flux est satisfaite.

Pour le problème I.15, la condition de flux I.21 devient respectivement, pour chacun des potentiels V_1, V_2, V_3 $\iint_{\partial_x\Omega} \frac{\partial V}{\partial x} dS_x = 0$, $\iint_{\partial_y\Omega} \frac{\partial V}{\partial y} dS_y = 0$ et $\iint_{\partial_z\Omega} \frac{\partial V}{\partial z} dS_z = 0$ donc la condition de flux est satisfaite. Un raisonnement similaire s'applique pour les problèmes (I.16 – I.17 – I.18 – I.19 – I.20) et on aboutit à la même conclusion.

I.3.3- Orthogonalité des gradients

I.3.3.1 - Cas du problème I.13

Soit $\vec{Y}_{j,k}^{m,n} = \vec{\nabla} U_{j,k}^{m,n}$

Comme $U_{j,k}^{m,n}$ peut être à valeurs complexes, on définit le produit hermitien suivant :

$$< \vec{Y}_{j,k}^{m,n}, \vec{Y}_{j',k'}^{m',n'} > = \int_\Omega \vec{Y}_{j,k}^{m,n} \cdot \overline{\vec{Y}}_{j',k'}^{m',n'} d\tau \quad \text{où} \quad \overline{\vec{Y}}_{j',k'}^{m',n'} = \vec{\nabla} \overline{U}_{j',k'}^{m',n'},$$ $\overline{U}_{j',k'}^{m',n'}$ étant le complexe conjugué de $U_{j,k}^{m',n'}$. On rappelle la première identité de Green (Blakely, 1996) qui permet d'exprimer ce produit scalaire par une intégrale de surface sur Ω :

$$\int_\Omega \vec{\nabla} U . \vec{\nabla} V d\tau = \int_{\partial\Omega} U \frac{\partial V}{\partial n} d\sigma \qquad \text{si} \quad \Delta V = 0$$

$$= \int_{\partial\Omega} V \frac{\partial U}{\partial n} d\sigma \qquad \text{si} \quad \Delta U = 0$$

Donc $< \vec{Y}_{j,k}^{m,n}, \vec{Y}_{j',k'}^{m',n'} > = \sum_{l=1}^{3} I_l(j,k,m,n,j',k',m',n')$

avec

39

$$I_2(j,k,m,n,j',k',m',n') = -\int_{\sum y_0^-} U_{j,k}^{m,n}\left(\frac{\partial}{\partial y}\overline{U}_{j',k'}^{m',n'}\right)_{-y_0} dxdz + \int_{\sum y_0^+} U_{j,k}^{m,n}\left(\frac{\partial}{\partial y}\overline{U}_{j',k'}^{m',n'}\right)_{y_0} dxdz$$

$$I_3(j,k,m,n,j',k',m',n') = -\int_{\sum z_0^-} U_{j,k}^{m,n}\left(\frac{\partial}{\partial z}\overline{U}_{j',k'}^{m',n'}\right)_{-z_0} dxdy + \int_{\sum z_0^+} U_{j,k}^{m,n}\left(\frac{\partial}{\partial z}\overline{U}_{j',k'}^{m',n'}\right)_{z_0} dxdy$$

Nous remarquons que $I_1(j,k,m,n,j',k',m',n')$ n'est pas nul en général si n=m'

ou n=m'.

En

effet :

$$I_1(j,k,m,n,j',k',m',n') = 0 \qquad\qquad\qquad \text{si } j \neq 1$$
$$I_1(j,k,m,n,j',k',m',n') = C_1^1(k,m,n)\delta_{k,k'}\delta_{m,m'}\delta_{n,n'} \qquad\qquad \text{si } j=1 \text{ et } j'=1$$
$$I_1(j,k,m,n,j',k',m',n') = C_1^2(k,m,n,k',m')\delta_{n,m'} \qquad\qquad \text{si } j=1 \text{ et } j'=2$$
$$I_1(j,k,m,n,j',k',m',n') = C_1^3(k,m,n,k',m')\delta_{m,n'} \qquad\qquad \text{si } j=1 \text{ et } j'=3$$

avec

$$C_1^1(k,m,n) = 2K_1(m,n)y_0z_0\, sh(2K_1(m,n)x_0)$$

$$C_1^2(k,m,n,k',m') = i^{m+n'}\frac{\pi^2 nm'z_0}{4x_0y_0(K_2^2(n,n')+\frac{\pi^2m^2}{4y_0^2})}[e^{(-1)^{k'-1}K_2(n,n')y_0}+(-1)^{m+1}e^{(-(-1)^{k'-1}K_2(n,n')y_0}]$$
$$[e^{(-1)^k K_1(m,n)x_0}+(-1)^{m'+1}e^{(-(-1)^k K_1(m,n)x_0}]$$

$$C_1^3(k,m,n,k',m') = i^{n+m'}\frac{\pi^2 nm'y_0}{4x_0z_0(K_3^2(m',m)+\frac{\pi^2n^2}{4z_0^2})}[e^{(-1)^{k'-1}K_3(m,m')z_0}+(-1)^{m+1}e^{(-(-1)^{k'-1}K_3(m,m')z_0}]$$
$$[e^{(-1)^k K_1(m,n)x_0}+(-1)^{m'+1}e^{(-(-1)^k K_1(m,n)x_0}]$$

De même pour $I_2(j,k,m,n,j',k',m',n')$

$$I_2(j,k,m,n,j',k',m',n') = 0 \qquad\qquad\qquad \text{si } j \neq 2$$
$$I_2(j,k,m,n,j',k',m',n') = C_2^1(k,m,n,k',m')\delta_{m,n'} \qquad\qquad \text{si } j=2 \text{ et } j'=1$$
$$I_2(j,k,m,n,j',k',m',n') = C_2^2(k,m,n)\delta_{m,m'}\delta_{n,n'}\delta_{k,k'} \qquad\qquad \text{si } j=2 \text{ et } j'=2$$
$$I_2(j,k,m,n,j',k',m',n') = C_2^3(k,m,n,k',n')\delta_{n,m'} \qquad\qquad \text{si } j=2 \text{ et } j'=3$$

avec

$$C_2^1(k,m,n,k',m') = i^{n+m'}\frac{\pi nm'z_0}{4x_0y_0(K_1^2(m',m)+\frac{\pi^2n^2}{4x_0^2})}[e^{(-1)^{k'-1}K_1(m,m')x_0}+(-1)^{n+1}e^{(-(-1)^{k'-1}K_1(m,m')x_0}]$$
$$[e^{(-1)^k K_2(m,n)y_0}+(-1)^{m'+1}e^{(-(-1)^k K_2(m,n)y_0}]$$

40

$$C_2^2(k,m,n) = 2K_2(m,n)x_0z_0\,sh(2K_2(m,n)y_0)$$

$$C_2^3(k,m,n,k',m') = i^{n+m'}\frac{\pi^2 nm'x_0}{4y_0z_0(K_3^2(n',n)+\dfrac{\pi^2m^2}{4z_0^2})}[e^{(-1)^{k-1}K_3(n,n')z_0}+(-1)^{m+1}e^{(-(-1)^{k-1}K_3(n,n')z_0}]$$

$$[e^{(-1)^k K_2(m,n)y_0}+(-1)^{n+1}e^{(-(-1)^k K_2(m,n)y_0}]$$

Et pour $I_3(j,k,m,n,j',k',m',n')$

$$I_3(j,k,m,n,j',k',m',n') = 0 \qquad\qquad\qquad\qquad\qquad\qquad si\ j\neq 3$$
$$I_3(j,k,m,n,j',k',m',n') = C_3^1(k,m,n,k',m')\delta_{n,n'} \qquad\qquad si\ j=3\ et\ j'=1$$
$$I_3(j,k,m,n,j',k',m',n') = C_3^2(k,m,n,k',n')\delta_{m,m'} \qquad\qquad si\ j=3\ et\ j'=2$$
$$I_3(j,k,m,n,j',k',m',n') = C_3^3(k,m,n)\delta_{k,k'}\delta_{m,m'}\delta_{n,n'} \qquad si\ j=3\ et\ j'=3$$

avec

$$C_3^1(k,m,n,k',m') = i^{n+m'}\frac{\pi^2 mn'y_0}{4x_0z_0(K_1^2(n',n)+\dfrac{\pi^2m^2}{4x_0^2})}[e^{(-1)^{k-1}K_1(n,n')x_0}+(-1)^{m+1}e^{(-(-1)^{k-1}K_1(n,n')x_0}]$$

$$[e^{(-1)^k K_3(m,n)z_0}+(-1)^{n+1}e^{(-(-1)^k K_3(m,n)z_0}]$$

$$C_3^2(k,m,n,k',m') = i^{n+m'}\frac{\pi^2 nm'x_0}{4y_0z_0(K_2^2(m',m)+\dfrac{\pi^2n^2}{4y_0^2})}[e^{(-1)^{k-1}K_2(m',m)y_0}+(-1)^{n+1}e^{(-(-1)^{k-1}K_2(m',m)y_0}]$$

$$[e^{(-1)^k K_3(m,n)z_0}+(-1)^{n+1}e^{(-(-1)^k K_3(m,n)z_0}]$$

$$C_3^3(k,m,n) = 2K_3(m,n)x_0y_0\,sh(2K_3(m,n)z_0)$$

I.3.3.2 - <u>Cas du problème I.14</u>

Soient $\vec{Y}_{j,k}^{m,n} = \vec{\nabla}U_{j,k}^{m,n}$ et $\overline{\vec{Y}}_{j,k}^{m,n} = \vec{\nabla}\overline{U}_{j,k}^{m,n}$,

$$<\vec{Y}_{j,k}^{m,n},\vec{Y}_{j',k'}^{m',n'}> = \int_\Omega \vec{Y}_{j,k}^{m,n}.\overline{\vec{Y}}_{j',k'}^{m',n'}d\tau$$

$$<\vec{Y}_{j,k}^{m,n},\vec{Y}_{j',k'}^{m',n'}> = \int_{\partial\Omega} U_{j,k}^{m,n}.\frac{\partial\overline{U}_{j',k'}^{m',n'}}{\partial n}d\sigma$$

On a donc :

$$<\overline{\vec{Y}}_{j,k}^{m,n},\vec{Y}_{j',k'}^{m',n'}> = -\int_{\sum_{x_0^-}} U_{j,k}^{m,n}.(\frac{\partial\overline{U}_{j',k'}^{m',n'}}{\partial x})_{-x_0}\,dydz + \int_{\sum_{x_0^+}} U_{j,k}^{m,n}.(\frac{\partial\overline{U}_{j',k'}^{m',n'}}{\partial x})_{x_0}\,dydz \quad Que\ l'on\ note\ I_1$$

$$= - \int_{\sum y_0^-} U_{j,k}^{m,n} \cdot (\frac{\partial \overline{U}_{j',k'}^{m',n'}}{\partial y})_{-y_0} \, dxdz + \int_{\sum y_0^+} U_{j,k}^{m,n} \cdot (\frac{\partial \overline{U}_{j',k'}^{m',n'}}{\partial y})_{y_0} \, dxdz \text{ Que l'on note } I_2$$

$$= - \int_{\sum z_0^-} U_{j,k}^{m,n} \cdot (\frac{\partial \overline{U}_{j',k'}^{m',n'}}{\partial z})_{-z_0} \, dxdy + \int_{\sum z_0^+} U_{j,k}^{m,n} \cdot (\frac{\partial \overline{U}_{j',k'}^{m',n'}}{\partial z})_{z_0} \, dxdy \text{ Que l'on note } I_3$$

donc $< \vec{Y}_{j,k}^{m,n} , \vec{Y}_{j',k'}^{m',n'} > = \sum_{l=1}^{3} I_l(j,k,m,n,j',k',m',n')$

♣ Calcul de I_1

$$I_1 = - \int_{\sum x_0^-} U_{j,k}^{m,n} \cdot (\frac{\partial \overline{U}_{j',k'}^{m',n'}}{\partial x})_{-x_0} \, dydz + \int_{\sum x_0^+} U_{j,k}^{m,n} \cdot (\frac{\partial \overline{U}_{j',k'}^{m',n'}}{\partial x})_{x_0} \, dydz$$

Sachant que $\left(\dfrac{\partial U_{j',k'}^{m',n'}}{\partial x}\right)_{-x_0} = \left(\dfrac{\partial U_{j',k'}^{m',n'}}{\partial x}\right)_{x_0} = 0$ pour j'=2,3 et pour tout k', m', n', le calcul

est à effectuer uniquement pour j'=1(potentiel V_1)

Pour j=1,

$$\left(\frac{\partial \overline{U}_{j',k'}^{m',n'}}{\partial x}\right)_{-x_0} = (-1)^{k'-1} K_1(m',n') \exp((-1)^{k'} K_1(m',n')x_0) \phi_y^{m'}(y)\phi_z^{n'}(z)$$

Or $U_{1,k}^{m,n}(-x_0) = \exp((-1)^k K_1(m,n)x_0)\phi_y^m(y)\phi_z^n(z)$

D'où : $- \int_{\sum x_0^-} U_{1,k}^{m,n} \left(\dfrac{\partial \overline{U}_{1,k'}^{m',n'}}{\partial x}\right)_{-x_0} dydz = (-1)^{k'} K_1(m',n') \exp((-1)^{k'} K_1(m',n')x_0$

$$+ (-1)^k K_1(m,n)x_0 \int_{-y_0}^{y_0} \phi_y^m \overline{\phi}_y^{m'} dy \int_{z_0}^{z_0} \phi_z^n \overline{\phi}_z^{n'} dz$$

$$= C_- \delta_{m,m'} \delta_{n,n'}$$

avec $C_- = (-1)^{k'} K_1(m,n)y_0z_0 \exp(((-1)^{k'} + (-1)^k)K_1(m,n)x_0)$

Et $\left(\dfrac{\partial \overline{U}_{j',k'}^{m',n'}}{\partial x}\right)_{x_0} = (-1)^{k'-1} K_1(m',n') \exp((-1)^{k'} K_1(m',n')x_0)\phi_y^{m'}(y)\phi_z^{n'}(z)$

or $U_{1,k}^{m,n}(x_0) = \exp((-1)^{k-1} K_1(m,n)x_0)\phi_y^m(y)\phi_z^n(z)$

D'où : $- \int_{\sum x_0^+} U_{1,k}^{m,n} \left(\dfrac{\partial \overline{U}_{1,k'}^{m',n'}}{\partial x}\right)_{x_0} dydz = (-1)^{k'-1} K_1(m',n') \exp((-1)^{k'-1} K_1(m',n')x_0$

$$+ (-1)^{k-1} K_1(m,n)x_0 \int_{-y_0}^{y_0} \phi_y^m \overline{\phi}_y^{m'} dy \int_{-z_0}^{z_0} \phi_z^n \overline{\phi}_z^{n'} dz$$

$$= C_+ \delta_{m,m'} \delta_{n,n'}$$

Avec $C_+ = (-1)^{k-1} K_1(m,n) y_0 z_0 \exp(((-1)^{k-1} + (-1)^{k-1}) K_1(m,n) x_0)$

D'où

$I_1(j,k,m,n,j',k',m',n') = C_1^1(k,m,n,k') \delta_{m,m'} \delta_{n,n'}$ $\qquad$ *si* $j = j' = 1$

Avec
$$C_1^1(k,m,n,k') = C_- + C_+$$
$$= (-1)^{k'} K_1(m,n) y_0 z_0 [\exp(((-1)^k + (-1)^{k'}) K_1(m,n) x_0)$$
$$- \exp(-((-1)^k + (-1)^{k'}) K_1(m,n) x_0)]$$

Si $k \neq k'$, $C_1^1 = 0$

Donc
$$C_1^1(k,m,n) = (-1)^k 2 K_1(m,n) y_0 z_0 \operatorname{sh}[(-1)^k 2 K_1(m,n) x_0]$$
$$= 2 K_1(m,n) y_0 z_0 \operatorname{sh}[2 K_1(m,n) x_0]$$

Finalement, $I_1(j,k,m,n,j',k',m',n') = C_1^1(k,m,n) \delta_{k,k'} \delta_{m,m'} \delta_{n,n'}$ $\qquad$ *si* $j = j' = 1$

Pour j=2,

$$U_{2,k}^{m,n}(-x_0) = \exp((-1)^{k-1} K_2(m,n) y) \phi_x^n(-x_0) \phi_z^m(z)$$

D'où

$$-\sum_{\Sigma} \int_{x_{0^+}} U_{2,k}^{m,n} \left(\frac{\partial \overline{U}_{1,k'}^{m',n'}}{\partial x} \right)_{-x_0} dy dz = (-1)^{k'} K_1(m',n') \exp((-1)^{k'}$$

$$K_1(m',n') x_0) \phi_x^n(-x_0) \int_{-y_0}^{y_0} \exp((-1)^{k-1} K_2(m,n) y \phi_y^{m'}(y) dy \int_{-z_0}^{z_0} \phi_z^n \overline{\phi}_z^{n'} dz$$

$$= C_- \delta_{m,n'}$$

Calculons C_- avec n'=m

$$\int_{-y_0}^{y_0} \exp((-1)^{k-1} K_2(m,n) y \overline{\phi}_y^{m'}(y) dy = (-1)^{k-1} \frac{i^{m'} K_2(m,n)}{K_2^2(m,n) + \frac{\pi^2 m'^2}{4 y_0^2}}$$

$$[\exp((-1)^{k-1} K_2(m,n) y_0) - (-1)^{m'} \exp(-(-1)^{k-1} K_2(m,n) y_0)]$$

$$\phi_x^n(-x_0) = \frac{1}{2}(\exp(-\frac{i\pi n}{2}) + (-1)^n \exp(\frac{i\pi n}{2})) = (-1)^n i^n$$

D'où :

$$C_- = -(-1)^{n+k+k'} \frac{i^{n+m'} K_1(m',m) K_2(m,n) z_0 \exp((-1)^{k-1} K_2(m',m) x_0}{k_2^2(m,n) + \frac{\pi^2 m'^2}{4 y_0^2}} [\exp((-1)^{k-1} K_2(m,n) y_0) -$$

$$(-1)^{m'} \exp(-(-1)^{k-1} K_2(m,n) y_0]$$

$$U_{2,k}^{m,n}(x_0) = \exp((-1)^{k-1}K_2(m,n)y)\varphi_x^n(x_0)\varphi_z^m(z)$$

D'où

$$-\sum_{x_0^+}\int U_{2,k}^{m,n}\left(\frac{\partial \overline{U}_{1,k'}^{m',n'}}{\partial x}\right)_{x_0} dydz = (-1)^{k-1}K_1(m',n')$$

$$\exp((-1)^{k'-1}K_1(m',n')x_0)\phi_x^n(-x_0)\int_{-y_0}^{y_0}\exp((-1)^{k-1}K_2(m,n)y\phi_y^{m'}(y)dy\int_{-z_0}^{z_0}\phi_z^n\overline{\phi}_z^{n'}dz$$

$$= C_+\delta_{m,n'}$$

Sachant que $\varphi_x^n(-x_0) = \frac{1}{2}(\exp(-\frac{i n\pi}{2}) + (-1)^n\exp(\frac{i n\pi}{2})) = i^n$

On obtient, avec m=n' :

$$C_+ = -(-1)^{k+k'}\frac{i^{n+m'}K_1(m',m)K_2(m,n)z_0\exp((-1)^{k-1}K_1(m',m)x_0}{k_2^2(m,n)+\frac{\pi^2 m'^2}{4y_0^2}}[\exp((-1)^{k-1})K_2(m',n)y_0) -$$

$$(-1)^{m'}\exp(-(-1)^{k-1}K_2(m,n)y_0]$$

D'où $I_1(2,k,m,n,1,k',m',n') = C_2^1(k,m,n,k',m')\delta_{m,n'}$ avec

$$C_2^1(k,m,n,k',m') = C_- + C_+$$

$$= (-1)^{k+k'}\frac{i^{n+m'}K_1(m',m)K_2(m,n)z_0}{K_2^2(m,n)+\frac{\pi^2 m'^2}{4y_0^2}}$$

$$[\exp((-1)^{k-1}K_2(m,n)y_0) - (-1)^{m'}\exp(-(-1)^{k-1}K_2(m,n)y_0)]$$

$$[\exp((-1)^{k-1}K_1(m',m)x_0) - (-1)^n\exp(-(-1)^{k-1}K_1(m',m)x_0)]$$

I.3.3.3 - Cas des problème mixtes

$$<\vec{Y}_{j,k}^{m,n},\vec{Y}_{j',k'}^{m',n'}> = \int_{\partial\Omega}U_{j,k}^{m,n}\cdot\frac{\partial\overline{U}_{j',k'}^{m',n'}}{\partial n}d\sigma = \int_{\partial\Omega}\overline{U}_{j',k'}\frac{\partial U_{j,k}^{m,n}}{\partial n}d\sigma$$

Le tableau suivant indique le comportement de $U_{j,k}^{m,n}$ et $\frac{\partial U_{j',k'}^{m',n'}}{\partial n}$ sur chacune des frontières $\partial_x\Omega,\partial_y\Omega,\partial_z\Omega$

	$U_{1,k}^{m,n}$	$U_{2,k}^{m,n}$	$U_{3,k}^{m,n}$	$\dfrac{\partial U_{1,k}^{m,n}}{\partial n}$	$\dfrac{\partial U_{2,k}^{m,n}}{\partial n}$	$\dfrac{\partial U_{3,k}^{m,n}}{\partial n}$
$\partial_x\Omega$	Non nul	Non nul	Non nul	Non nul	nul	nul
$\partial_y\Omega$	Non nul	Non nul	Non nul	Nul	Non nul	nul
$\partial_z\Omega$	nul	nul	Non nul	Non nul	Non nul	Non nul

Tableau I- 1 : _Comportement de_ $U_{j,k}^{m,n}$ _et_ $\dfrac{\partial U_{j,k}^{m,n}}{\partial n}$ _sur chacune des frontières_ $\partial_x\Omega$, $\partial_y\Omega$, $\partial_z\Omega$

De ce tableau et de la première formule du produit hermitien, on déduit que :

$$< \vec{Y}_{j,k}^{m,n} , \vec{Y}_{j',k'}^{m',n'} > = 0 \qquad\qquad \text{pour} \quad j=1, j'=3 \ \text{ et } \ j=2, j'=3$$

De la deuxième formule, on en déduit que

$$< \vec{Y}_{j,k}^{m,n} , \vec{Y}_{j',k'}^{m',n'} > = 0 \qquad\qquad \text{pour} \quad j=3, j'=1 \ \text{ et } \ j=3, j'=2$$

Le produit hermitien est donc a priori non nul pour j=j' et (j=1, j'=2), (j=2, j'=1)

Pour j=j'=1,

$$< \vec{Y}_{1,k}^{m,n} , \vec{Y}_{1,k'}^{m',n'} > = (-1)^{k-1} y_0 z_0 K_1(m,n)[\exp((-1)^{k-1} + (-1)^{k'-1} K_1(m,n)x_0]$$
$$- \exp[-((-1)^{k-1} + (-1)^{k'-1})K_1(m,n)x_0]\delta_{m,m'}\delta_{n,n'}$$
$$= 2y_0 z_0 K_1(m,n)\text{sh}(2K_1(m,n)x_0)\delta_{k,k'}\delta_{m,m'}\delta_{n,n'}$$

Pour j=2, j'=1,

$$< \vec{Y}_{2,k}^{m,n} , \vec{Y}_{1,k'}^{m',n'} > = (-1)^{k'+k} \frac{i^{n+m'} z_0 K_1(m',n) K_2(m,n)}{K_2^2(m,n) + \dfrac{\pi^2 m'^2}{4y_0^2}} [\exp((-1)^{k-1}K_2(m,n)y_0] - (-1)^{m'}\exp[-(-1)^{k-1}K_2(m,n)y_0]$$
$$[\exp((-1)^{k'-1}K_2(m',m)x_0) - (-1)^n \exp(-(-1)^{k'-1}K_1(m',m)x_0)]\delta_{n'}$$

Pour j=1, j'=2,

$$< \vec{Y}_{1,k}^{m,n} , \vec{Y}_{21,k'}^{m',n'} > = (-1)^{k'+k+n'} \frac{i^{m+n} z_0 K_1(m,n) K_2(n,n')}{K_1^2(m,n) + \dfrac{\pi^2 n^2}{4x_0^2}} [\exp((-1)^{k-1}K_1(m,n)x_0] - (-1)^{n'}\exp[-(-1)^{k-1}K_1(m,n)x_0]$$
$$[\exp((-1)^{k'-1}K_2(m',m)y_0) - (-1)^m \exp(-(-1)^{k'-1}K_2(n',n)y_0)]\delta_{n,m'}$$

Pour plus de détails, nous pouvons nous référer à l'annexe A.

45

I.3.4 - <u>Convergence des solutions</u>

Les différents problèmes de conditions aux limites exposés précédemment ne sont pas équivalents numériquement. En pratique, les séries infinies sont tronquées et leur capacité de représentation d'un champ de potentiel dépend de leur vitesse de convergence, donc des propriétés des fonctions de base. Dans la résolution de chacun des trois sous problème V_1, V_2 et V_3, nous avons été amenés à résoudre trois problèmes de Sturm Liouville régulier différents pour chacune des variables x, y, z. Les développements en séries des solutions que nous avons trouvés pour les bases de fonctions sont des développements en séries de fonctions orthogonales qui ont des propriétés semblables au développement de Fourier φ_n (u), en admettant qu'elles constituent une base complète, de telle manière que :

$$f(u) = \sum_{n=1}^{\infty} C_n \varphi_n (u).$$ (I.25)

La fonction f (u) pourrait être quelconque, mais en pratique les nouvelles bases de fonctions doivent permettre de reconstruire les bases de fonctions des harmoniques rectangulaires. Si tel est le cas, nous sommes certains que notre décomposition sera adaptée pour les champs de potentiel. Les développements en séries peuvent être assimilés à une généralisation des développements de Fourier pour les quels certains théorème d'accélération de convergence existent. Les solutions définitives correspondent aux valeurs minimales des erreurs définies par les relations I.30 et I.31.

I.3.5 - <u>Continuité du champ magnétique à la frontière $\partial\Omega$</u>

Rappelons que le champ magnétique observé à la surface terrestre est la somme d'un champ d'origine purement interne, d'intensité beaucoup plus élevée et de variation temporelle beaucoup plus lente et d'un champ d'origine externe, d'intensité beaucoup plus faible et de variation temporelle beaucoup plus rapide, appelé souvent champ transitoire. Le champ interne se décompose en un champ régulier d'origine profonde, appelé champ principal, et d'un champ de variations irrégulières d'origine superficielle, appelé champ d'anomalie, alors, à l'intérieur du domaine Ω, nous avons le champ interne et à l'extérieur, le champ externe. Mais, à la frontière $\partial\Omega$, le champ n'est pas discontinu, on a toujours la somme des deux champs internes et externes. Et pour avoir une solution bien précise du modèle de champ dans le domaine rectangulaire, il faut tenter d'éliminer le champ d'origine externe à la frontière $\partial\Omega$. De nombreux travaux ont montré combien il était difficile, même dans un observatoire, de séparer le champ d'origine externe du champ interne, la composante externe, ayant des contributions de périodes allant jusqu'à celle de onze ans du cycle solaire (par exemple, Courtillot et Le Mouël, 1988).C'est vrai à plus forte raison, dans les stations de répétition et pour les levés magnétiques en générale.

La méthode de réduction classique des données des stations de répétition permet seulement d'éliminer une partie du champ d'origine externe, dans l'hypothèse où celle-ci est identique à la station de répétition et à l'observatoire le plus proche. Andriambahoaka et al., (2007), a proposé une nouvelle méthode de réduction de données utilisant le modèle CM4 (Sabaka et al., 2004). Cette nouvelle technique permet de mieux éliminer le champ externe d'une part et de se débarrasser des hypothèses limitées de la méthode classique d'autre part. Dans le cas d'une modélisation régionale, on dit que le champ est continu à la frontière du domaine considéré si le champ sur cette frontière est identique à celui d'un modèle global (considéré comme champ externe à l'extérieur du domaine en question). Pratiquement, cette hypothèse est vérifiée si les effets de bords sont faibles.

I.4- Expression finale du formalisme de modélisation dans un domaine rectangulaire

I.4.1- Critères préliminaire pour réduire le nombre de décomposition

Le champ magnétique construit dans le domaine rectangulaire à partir des huit problèmes de conditions aux limites a les caractéristiques suivantes :

Problèmes	Caractéristiques	Conditions
Problème (I.13)	Condition de flux	Satisfaite
	Orthogonalité des gradients	Non
	Vitesse de convergence des solutions	Très lente
	Effets de bord	Très importants
Problème (I.14)	Condition de flux	Satisfaite
	Orthogonalité des gradients	Non
	Vitesse de convergence des solutions	Rapide
	Effets de bord	Faibles
Problème (I.15)	Condition de flux	Satisfaite
	Orthogonalité des gradients	Oui
	Vitesse de convergence des solutions	Lente
	Effets de bord	Importants
Problème (I.16)	Condition de flux	Satisfaite
	Orthogonalité des gradients	Oui
	Vitesse de convergence des solutions	Lente
	Effets de bord	Importants
Problème (I.17)	Condition de flux	Satisfaite
	Orthogonalité des gradients	Oui
	Vitesse de convergence des solutions	Lente
	Effets de bord	Très importants
Problème (I.18)	Condition de flux	Satisfaite
	Orthogonalité des gradients	Oui
	Vitesse de convergence des solutions	Lente
	Effets de bord	Très importants
Problème (I.19)	Condition de flux	Satisfaite
	Orthogonalité des gradients	Oui
	Vitesse de convergence des solutions	Lente
	Effets de bord	Très importants
Problème (I.20)	Condition de flux	Satisfaite
	Orthogonalité des gradients	Oui
	Vitesse de convergence des solutions	Lente
	Effets de bord	Très importants

Tableau I- 2 : *Caractéristique du champ magnétique dans le domaine rectangulaire.*

Nous sommes en mesure de construire des bases de fonctions adaptées à la reconstruction d'un champ magnétique dans une région délimitée par le domaine Ω après avoir étudié les huit problèmes de conditions aux limites pour la résolution de l'équation de Laplace dans un domaine rectangulaire. L'utilisation de conditions aux limites, sur tous les bords du domaine Ω, nous a permis de définir des bases de fonctions plus complètes que celles du développement en Harmoniques Rectangulaires habituel (Alldredge, 1981 et 1982). Bien que certains des huit problèmes précédents soient formellement équivalents, la convergence de leurs solutions et leur capacité de représenter un champ magnétique sont intimement liées aux conditions aux limites choisies. Le fait que les gradients du potentiel ne sont pas orthogonaux rend la modélisation instable voir impossible. Nous devons sélectionner les problèmes mixtes qui vérifient la condition d'orthogonalité des gradients. Puis parmi les six combinaisons possibles des problèmes mixtes, nous sélectionnons les problèmes (I.15), (I.16) correspondant à des effets de bord pas très importants. Sachant que ces deux problèmes sont équivalents, nous pouvons nous intéresser uniquement à la décomposition (I.16). Il est à remarquer que la représentation du champ magnétique dans le domaine rectangulaire par cette décomposition montre une parfaite cohérence avec les détails procurés par l'analyse des convergences. Il n'en reste pas moins que la reconstruction du champ dans le domaine rectangulaire a montré, après comparaison avec le champ initial, des valeurs de résidus importantes étant donné le développement des séries utilisées. Ce point qui à première vue est sans issue, sera cependant levé par un examen attentif des contributions respectives de chaque indice du développement sur la reconstruction. Il deviendra vite évident que les développements et le choix des indices ne pourront pas être irréfléchis, sous peine de rechercher des coefficients de Gauss de contribution négligeable et d'ignorer des coefficients de Gauss importants pour la reconstruction. Ces différents aspects pourront être discutés d'un point de vue énergétique et nous pouvons alors déterminer les meilleurs développements possibles ainsi que l'estimation de l'erreur de reconstruction engendrée par le choix des indices de troncatures. Ainsi, même si le problème direct semble converge lentement, absolument rien ne nous permet d'affirmer que le problème inverse ne pourra pas trouver des coefficients qui s'ajustent bien au champ magnétique, même dans le cas de troncatures élevées.

I.4.2 - **Expression du champ magnétique**

Le champ magnétique $\vec{B}$ dans le domaine Ω est exprimé comme le gradient du potentiel magnétique scalaire V, solution de l'équation de Laplace soumise à des conditions aux limites donc :

Pour le problème (I.16) :

$$B_x = \sum_{m=1}^{\infty}\sum_{n=1}^{\infty} [A_1^{m,n}\frac{\partial D_{a1}^{m,n}}{\partial x} + B_1^{m,n}\frac{\partial D_{b1}^{m,n}}{\partial x} + A_2^{m,n}\frac{\partial D_{a2}^{m,n}}{\partial x} + \qquad (I.26a)$$
$$B_2^{m,n}\frac{\partial D_{b2}^{m,n}}{\partial x} + A_3^{m,n}\frac{\partial N_{a3}^{m,n}}{\partial x} + B_3^{m,n}\frac{\partial N_{b3}^{m,n}}{\partial x}]$$

$$B_y = \sum_{m=1}^{\infty}\sum_{n=1}^{\infty} [A_1^{m,n}\frac{\partial D_{a1}^{m,n}}{\partial y} + B_1^{m,n}\frac{\partial D_{b1}^{m,n}}{\partial y} + A_2^{m,n}\frac{\partial D_{a2}^{m,n}}{\partial y} + \qquad (I.26b)$$
$$B_2^{m,n}\frac{\partial D_{b2}^{m,n}}{\partial y} + A_3^{m,n}\frac{\partial N_{a3}^{m,n}}{\partial y} + B_3^{m,n}\frac{\partial N_{b3}^{m,n}}{\partial y}]$$

$$B_z = \sum_{m=1}^{\infty}\sum_{n=1}^{\infty} [A_1^{m,n}\frac{\partial D_{a1}^{m,n}}{\partial z} + B_1^{m,n}\frac{\partial D_{b1}^{m,n}}{\partial z} + A_2^{m,n}\frac{\partial D_{a2}^{m,n}}{\partial z} + \qquad (I.26c)$$
$$B_2^{m,n}\frac{\partial D_{b2}^{m,n}}{\partial z} + A_3^{m,n}\frac{\partial N_{a3}^{m,n}}{\partial z} + B_3^{m,n}\frac{\partial N_{b3}^{m,n}}{\partial z}]$$

avec

$$\frac{\partial D_{a1}^{m,n}}{\partial x} = \frac{\pi}{2}\left(\frac{m^2}{y_0^2} + \frac{n^2}{z_0^2}\right)^{\frac{1}{2}} D_{a1}^{m,n} \tag{I.26d}$$

$$\frac{\partial D_{b1}^{m,n}}{\partial x} = -\frac{\pi}{2}\left(\frac{m^2}{y_0^2} + \frac{n^2}{z_0^2}\right)^{\frac{1}{2}} D_{b1}^{m,n} \tag{I.26e}$$

$$\frac{\partial D_{a1}^{m,n}}{\partial y} = \frac{\pi\,m}{2y_0} e^{\frac{\pi}{2}\left(\frac{m^2}{y_0^2}+\frac{n^2}{z_0^2}\right)^{1/2} x} [-\sin\frac{\pi\,m\,y}{2y_0}\cos\frac{\pi\,n\,z}{2z_0} + (-1)^{n+2}\sin\frac{\pi\,m\,y}{2y_0}\sin\frac{\pi\,n\,z}{2z_0} +$$
$$(-1)^{m+1}\cos\frac{\pi\,m\,y}{2y_0}\cos\frac{\pi\,n\,z}{2z_0} + (-1)^{m+n}\cos\frac{\pi\,m\,y}{2y_0}\sin\frac{\pi\,n\,z}{2z_0}] \tag{I.26f}$$

$$\frac{\partial D_{b1}^{m,n}}{\partial y} = \frac{\pi\,m}{2y_0} e^{-\frac{\pi}{2}\left(\frac{m^2}{y_0^2}+\frac{n^2}{z_0^2}\right)^{1/2} x} [-\sin\frac{\pi\,m\,y}{2y_0}\cos\frac{\pi\,n\,z}{2z_0} + (-1)^{n+2}\sin\frac{\pi\,m\,y}{2y_0}\sin\frac{\pi\,n\,z}{2z_0} +$$
$$(-1)^{m+1}\cos\frac{\pi\,m\,y}{2y_0}\cos\frac{\pi\,n\,z}{2z_0} + (-1)^{m+n}\cos\frac{\pi\,m\,y}{2y_0}\sin\frac{\pi\,n\,z}{2z_0}] \tag{I.26g}$$

$$\frac{\partial D_{a1}^{m,n}}{\partial z} = \frac{\pi\,n}{2z_0} e^{\frac{\pi}{2}\left(\frac{m^2}{y_0^2}+\frac{n^2}{z_0^2}\right)^{1/2} x} [-\cos\frac{\pi\,m\,y}{2y_0}\sin\frac{\pi\,n\,z}{2z_0} + (-1)^{n+1}\cos\frac{\pi\,m\,y}{2y_0}\cos\frac{\pi\,n\,z}{2z_0} +$$
$$(-1)^{m+2}\sin\frac{\pi\,m\,y}{2y_0}\sin\frac{\pi\,n\,z}{2z_0} + (-1)^{m+n}\sin\frac{\pi\,m\,y}{2y_0}\cos\frac{\pi\,n\,z}{2z_0}] \tag{I.26h}$$

$$\frac{\partial D_{b1}^{m,n}}{\partial z} = \frac{\pi\,n}{2z_0} e^{-\frac{\pi}{2}\left(\frac{m^2}{y_0^2}+\frac{n^2}{z_0^2}\right)^{1/2} x} [-\cos\frac{\pi\,m\,y}{2y_0}\sin\frac{\pi\,n\,z}{2z_0} + (-1)^{n+1}\cos\frac{\pi\,m\,y}{2y_0}\cos\frac{\pi\,n\,z}{2z_0} +$$
$$(-1)^{m+2}\sin\frac{\pi\,m\,y}{2y_0}\sin\frac{\pi\,n\,z}{2z_0} + (-1)^{m+n}\sin\frac{\pi\,m\,y}{2y_0}\cos\frac{\pi\,n\,z}{2z_0}] \tag{I.26i}$$

$$\frac{\partial D_{a2}^{m,n}}{\partial x} = \frac{\pi\,n}{2x_0} e^{\frac{\pi}{2}\left(\frac{m^2}{z_0^2}+\frac{n^2}{x_0^2}\right)^{1/2} y} [-\cos\frac{\pi\,m\,z}{2z_0}\sin\frac{\pi\,n\,x}{2x_0} + (-1)^{n+1}\cos\frac{\pi\,m\,z}{2z_0}\cos\frac{\pi\,n\,x}{2x_0} +$$
$$(-1)^{m+2}\sin\frac{\pi\,m\,z}{2z_0}\sin\frac{\pi\,n\,x}{2x_0} + (-1)^{m+n}\sin\frac{\pi\,m\,z}{2z_0}\cos\frac{\pi\,n\,x}{2x_0}] \tag{I.26j}$$

$$\frac{\partial D_{b2}^{m,n}}{\partial x} = \frac{\pi\,n}{2x_0} e^{-\frac{\pi}{2}\left(\frac{m^2}{z_0^2}+\frac{n^2}{x_0^2}\right)^{1/2} y} [-\cos\frac{\pi\,m\,z}{2z_0}\sin\frac{\pi\,n\,x}{2x_0} + (-1)^{n+1}\cos\frac{\pi\,m\,z}{2z_0}\cos\frac{\pi\,n\,x}{2x_0} +$$
$$(-1)^{m+2}\sin\frac{\pi\,m\,z}{2z_0}\sin\frac{\pi\,n\,x}{2x_0} + (-1)^{m+n}\sin\frac{\pi\,m\,z}{2z_0}\cos\frac{\pi\,n\,x}{2x_0}] \tag{I.26k}$$

$$\frac{\partial D_{a2}^{m,n}}{\partial y} = \frac{\pi}{2}\left(\frac{m^2}{z_0^2} + \frac{n^2}{x_0^2}\right)^{\frac{1}{2}} D_{a2}^{m,n} \tag{I.26l}$$

$$\frac{\partial D_{b2}^{m,n}}{\partial y} = -\frac{\pi}{2}\left(\frac{m^2}{z_0^2} + \frac{n^2}{x_0^2}\right)^{\frac{1}{2}} D_{b2}^{m,n} \tag{I.26m}$$

$$\frac{\partial D_{a2}^{m,n}}{\partial z} = \frac{\pi\, m}{2z_0}\, e^{\frac{\pi}{2}\left(\frac{m^2}{z_0^2}+\frac{n^2}{x_0^2}\right)^{1/2} y}\, [-\sin\frac{\pi\, m\, z}{2z_0}\cos\frac{\pi\, n\, x}{2x_0} + (-1)^{n+2}\sin\frac{\pi\, m\, z}{2z_0}\sin\frac{\pi\, n\, x}{2x_0} +$$
$$(-1)^{m+1}\cos\frac{\pi\, m\, z}{2z_0}\cos\frac{\pi\, n\, x}{2x_0} + (-1)^{m+n}\cos\frac{\pi\, m\, z}{2z_0}\sin\frac{\pi\, n\, x}{2x_0}] \tag{I.26n}$$

$$\frac{\partial D_{b2}^{m,n}}{\partial z} = \frac{\pi\, m}{2z_0}\, e^{-\frac{\pi}{2}\left(\frac{m^2}{z_0^2}+\frac{n^2}{x_0^2}\right)^{1/2} y}\, [-\sin\frac{\pi\, m\, z}{2z_0}\cos\frac{\pi\, n\, x}{2x_0} + (-1)^{n+2}\sin\frac{\pi\, m\, z}{2z_0}\sin\frac{\pi\, n\, x}{2x_0} +$$
$$(-1)^{m+1}\cos\frac{\pi\, m\, z}{2z_0}\cos\frac{\pi\, n\, x}{2x_0} + (-1)^{m+n}\cos\frac{\pi\, m\, z}{2z_0}\sin\frac{\pi\, n\, x}{2x_0}] \tag{I.26o}$$

$$\frac{\partial N_{a3}^{m,n}}{\partial x} = \frac{\pi\, m}{2x_0}\, e^{\frac{\pi}{2}\left(\frac{m^2}{x_0^2}+\frac{n^2}{y_0^2}\right)^{1/2} z}\, [-\sin\frac{\pi\, m\, x}{2x_0}\cos\frac{\pi\, n\, y}{2y_0} + (-1)^{n+1}\sin\frac{\pi\, m\, x}{2x_0}\sin\frac{\pi\, n\, y}{2y_0} +$$
$$(-1)^{m}\cos\frac{\pi\, m\, x}{2x_0}\cos\frac{\pi\, n\, y}{2y_0} + (-1)^{m+n}\cos\frac{\pi\, m\, x}{2x_0}\sin\frac{\pi\, n\, y}{2y_0}] \tag{I.26p}$$

$$\frac{\partial N_{b3}^{m,n}}{\partial x} = \frac{\pi\, m}{2x_0}\, e^{-\frac{\pi}{2}\left(\frac{m^2}{x_0^2}+\frac{n^2}{y_0^2}\right)^{1/2} z}\, [-\sin\frac{\pi\, m\, x}{2x_0}\cos\frac{\pi\, n\, y}{2y_0} + (-1)^{n+1}\sin\frac{\pi\, m\, x}{2x_0}\sin\frac{\pi\, n\, y}{2y_0} +$$
$$(-1)^{m}\cos\frac{\pi\, m\, x}{2x_0}\cos\frac{\pi\, n\, y}{2y_0} + (-1)^{m+n}\cos\frac{\pi\, m\, x}{2x_0}\sin\frac{\pi\, n\, y}{2y_0}] \tag{I.26q}$$

$$\frac{\partial N_{a3}^{m,n}}{\partial y} = \frac{\pi\, n}{2y_0}\, e^{\frac{\pi}{2}\left(\frac{m^2}{x_0^2}+\frac{n^2}{y_0^2}\right)^{1/2} z}\, [-\cos\frac{\pi\, m\, x}{2x_0}\sin\frac{\pi\, n\, y}{2y_0} + (-1)^{n}\cos\frac{\pi\, m\, x}{2x_0}\cos\frac{\pi\, n\, y}{2y_0} +$$
$$(-1)^{m+1}\sin\frac{\pi\, m\, x}{2x_0}\sin\frac{\pi\, n\, y}{2y_0} + (-1)^{m+n}\sin\frac{\pi\, m\, x}{2x_0}\cos\frac{\pi\, n\, y}{2y_0}] \tag{I.26r}$$

$$\frac{\partial N_{b3}^{m,n}}{\partial y} = \frac{\pi\, n}{2y_0}\, e^{-\frac{\pi}{2}\left(\frac{m^2}{x_0^2}+\frac{n^2}{y_0^2}\right)^{1/2} z}\, [-\cos\frac{\pi\, m\, x}{2x_0}\sin\frac{\pi\, n\, y}{2y_0} + (-1)^{n}\cos\frac{\pi\, m\, x}{2x_0}\cos\frac{\pi\, n\, y}{2y_0} +$$
$$(-1)^{m+1}\sin\frac{\pi\, m\, x}{2x_0}\sin\frac{\pi\, n\, y}{2y_0} + (-1)^{m+n}\sin\frac{\pi\, m\, x}{2x_0}\cos\frac{\pi\, n\, y}{2y_0}] \tag{I.26s}$$

$$\frac{\partial N_{a3}^{m,n}}{\partial z} = \frac{\pi}{2}\left(\frac{m^2}{x_0^2} + \frac{n^2}{y_0^2}\right)^{\frac{1}{2}} N_{3a}^{m,n} \tag{I.26t}$$

$$\frac{\partial N_{b3}^{m,n}}{\partial z} = -\frac{\pi}{2}\left(\frac{m^2}{x_0^2} + \frac{n^2}{y_0^2}\right)^{\frac{1}{2}} N_{3b}^{m,n} \tag{I.26u}$$

I.4.3 - Mise en équation du problème inverse

Sachant qu'il s'agit d'une première tentative d'inversion de données magnétiques avec notre formalisme, nous allons nous limiter au cas où les coefficients de Gauss sont constants, c'est-à-dire que les données utilisées sont supposées comme étant prises à une même époque. Dans la pratique, cette hypothèse est valable si elles ont été acquises pendant une durée de l'ordre d'un mois.

L'expression du champ magnétique précédent en fonction des indices M_{max} et N_{max} est donc :

$$\begin{aligned} B_x = \sum_{m=1}^{M_{max}}\sum_{n=1}^{N_{max}} [& A_1^{m,n}\frac{\partial D_{a1}^{m,n}}{\partial x} + B_1^{m,n}\frac{\partial D_{b1}^{m,n}}{\partial x} + A_2^{m,n}\frac{\partial D_{a2}^{m,n}}{\partial x} + \\ & B_2^{m,n}\frac{\partial D_{b2}^{m,n}}{\partial x} + A_3^{m,n}\frac{\partial N_{a3}^{m,n}}{\partial x} + B_3^{m,n}\frac{\partial N_{b3}^{m,n}}{\partial x}] \end{aligned} \tag{I.27a}$$

$$\begin{aligned} B_y = \sum_{m=1}^{M_{max}}\sum_{n=1}^{N_{max}} [& A_1^{m,n}\frac{\partial D_{a1}^{m,n}}{\partial y} + B_1^{m,n}\frac{\partial D_{b1}^{m,n}}{\partial y} + A_2^{m,n}\frac{\partial D_{a2}^{m,n}}{\partial y} + \\ & B_2^{m,n}\frac{\partial D_{b2}^{m,n}}{\partial y} + A_3^{m,n}\frac{\partial N_{a3}^{m,n}}{\partial y} + B_3^{m,n}\frac{\partial N_{b3}^{m,n}}{\partial y}] \end{aligned} \tag{I.27b}$$

$$B_z = \sum_{m=1}^{M_{max}} \sum_{n=1}^{N_{max}} [A_1^{m,n} \frac{\partial D_{a1}^{m,n}}{\partial z} + B_1^{m,n} \frac{\partial D_{b1}^{m,n}}{\partial z} + A_2^{m,n} \frac{\partial D_{a2}^{m,n}}{\partial z} +$$

$$B_2^{m,n} \frac{\partial D_{b2}^{m,n}}{\partial z} + A_3^{m,n} \frac{\partial N_{a3}^{m,n}}{\partial z} + B_3^{m,n} \frac{\partial N_{b3}^{m,n}}{\partial z}] \qquad (I.27c)$$

Les expressions des dérivées des fonctions composantes B_x, B_y, B_z sont données par les équations I.24d à I.24u.

Nous devons donc fixer les indices M_{max} et N_{max} qui définiront l'ordre du développement des fonctions de bases que nous calculerons. Supposons que nous avons N_D données à inclure dans notre modélisation (N_D valeurs de X, N_D valeurs de Y, N_D valeurs de Z). Désignons par N_P le nombre total des coefficients de Gauss nécessaires dans le problème (I.16). La valeur de N_P est donnée en fonction de M_{max} et N_{max} telle que :

$$N_p = 6\, M_{max}\, N_{max} \qquad (I.28)$$

Les équations (I.27) précédentes sont linéaires dans les coefficients inconnus $A_j^{m,n}$ et peuvent s'écrire sous la forme matricielle :

$$
3N_D
\left\{
\underbrace{
\begin{pmatrix}
\alpha_1 & \cdots & \beta_1 & \cdots & \gamma_1 & \cdots & \delta_1 & \cdots \\
\vdots & \cdots & \vdots & \cdots & \vdots & \cdots & \vdots & \cdots \\
\alpha_{N_D+1} & \cdots & \beta_{N_D+1} & \cdots & \gamma_{N_D+1} & \cdots & \delta_{N_D+1} & \cdots \\
\vdots & \cdots & \vdots & \cdots & \vdots & \cdots & \vdots & \cdots \\
\alpha_{2N_D+1} & \cdots & \beta_{2N_D+1} & \cdots & \gamma_{2N_D+1} & \cdots & \delta_{2N_D+1} & \cdots \\
\vdots & \cdots & \vdots & \cdots & \vdots & \cdots & \vdots & \cdots
\end{pmatrix}
}_{F}
\underbrace{
\begin{pmatrix}
A_1 \\ \vdots \\ B_1 \\ \vdots \\ A_2 \\ \vdots \\ B_2 \\ \vdots \\ A_3 \\ \vdots \\ B_3 \\ \vdots
\end{pmatrix}
}_{P}
=
\underbrace{
\begin{pmatrix}
B_{X1} \\ \vdots \\ B_{XN_D} \\ \vdots \\ B_{Y1} \\ \vdots \\ B_{YN_D} \\ \vdots \\ B_{Z1} \\ \vdots \\ B_{ZN_D}
\end{pmatrix}
}_{D}
\right.
\qquad (I.29a)
$$

où F est la matrice des fonctions, est formée de $3N_D$ lignes et de N_P colonnes. Ses éléments α_i, β_i, γ_i, δ_i pour i=1,…,$3N_D$ sont les produits des fonctions cosinus, sinus

54

et exponentielles normalisées dans le même ordre que les coefficients commençant par les lettres A et B respectivement.

P le vecteur des coefficients inconnus. C'est un vecteur de dimension $N_P x 1$ formé par les coefficients rangés commençant par les lettres A et B dans l'ordre unidimensionnel.

Et D le vecteur des données, constitué de trois composantes du champ en un ensemble fini de points de mesure. Il est de dimension $3N_D \times 1$ (N_D lignes pour B_X, N_D lignes pour B_Y, N_D lignes pour B_Z).

Les données étant supposées bruitées, on utilise le modèle statistique classique :

$$D = FP + \varepsilon \qquad (I.29b)$$

où ε est une variable aléatoire gaussienne de moyenne nulle et de variance σ^2. En principe, il y a N_P paramètres inconnus et N_D données, avec $N_P \leq N_D$. La matrice F de dimension $3N_D \times N_P$ peut être considérée comme la matrice d'une application linéaire de $\Re^{N_P}$ dans $\Re^{N_D}$.

La résolution de l'équation (I.29b) se fait par la méthode des moindres carrés ordinaires car au terme de convergence, elle est plus rapide par rapport aux autres méthodes. Pour cela, le vecteur des inconnues P s'obtient par :

$$P = (F^t F)^{-1} F^t D \qquad (I.29c)$$

où F^t désigne la transposée de la matrice F.

Ici, nous considérons un poids identique pour toutes les données et nous n'imposons aucune contrainte dans notre inversion.

I.4.4 - Estimation d'erreur et données utilisées

Connaissant le vecteur des paramètres **P**, nous sommes en mesure de déterminer le champ calculé par notre modèle en un point quelconque du domaine rectangulaire. Puis nous pouvons estimer l'erreur correspondante en examinant la différence entre les vraies valeurs observées et les valeurs théoriques calculées par notre modèle. Cependant, il est à noter que l'erreur obtenue par la méthode d'inversion ci-dessus est proportionnelle aux valeurs absolues des éléments du vecteur D. Ainsi, il faut que les éléments du vecteur D ne soient pas trop grands.

Nous prenons les composantes géographiques synthétiques locales X_S, Y_S, Z_S provenant du modèle CM4 par exemple aux quelles nous ajoutons un bruit gaussien de moyenne nulle et d'écart type $\sigma=5nT$. Puis nous calculons les composantes B_{SX}, B_{SY}, B_{SZ} correspondantes ainsi que la matrice des paramètres P (relation I.29a). Nous en déduisons ensuite les composantes B_{CX}, B_{CY}, B_{CZ} calculées à l'aide de notre modèle, c'est-à-dire calculées à l'aide de la matrice P. Enfin, nous déterminons les composantes géographiques locales X_C, Y_C, Z_C correspondantes. Conformément aux pratiques de l'analyse statistique, nous nous intéressons aux erreurs dont les moyennes sont définies par :

$$\rho_X = \frac{1}{N_D} \sum_{i=1}^{N_D} (X_{S_i} - X_{C_i}) \qquad (I.30a)$$

$$\rho_Y = \frac{1}{N_D} \sum_{i=1}^{N_D} (Y_{S_i} - Y_{C_i}) \qquad (I.30b)$$

$$\rho_Z = \frac{1}{N_D} \sum_{i=1}^{N_D} (Z_{S_i} - Z_{C_i}) \qquad (I.30c)$$

Dans une inversion par moindres carrés ordinaires, les erreurs moyennes doivent être voisines de zéro si le modèle est en bon accord avec les données. Dans ce cas, l'erreur du modèle est classiquement évaluée par :

$$\sigma_X = \sqrt{\frac{1}{N_D} \sum_{i=1}^{N_D} (X_{S_i} - X_{C_i} - \rho_X)^2} \qquad (I.31a)$$

$$\sigma_Y = \sqrt{\frac{1}{N_D} \sum_{i=1}^{N_D} (Y_{S_i} - Y_{C_i} - \rho_Y)^2} \qquad (I.31b)$$

$$\sigma_Z = \sqrt{\frac{1}{N_D} \sum_{i=1}^{N_D} (Z_{S_i} - Z_{C_i} - \rho_z)^2} \qquad (I.31c)$$

La suite de notre travail consiste alors à examiner l'évolution de l'erreur moyenne et de l'écart type sur chaque composante du champ en fonction des indices de troncature M_{max} et N_{max}. Ceci nous conduit à la deuxième partie de notre mémoire.

PARTIE II

CONSIDERATIONS NUMERIQUES ET APPLICATIONS

Pour que notre théorie puisse être bien validée, il nous faut des considérations numériques et des applications qui font l'objet de cette deuxième partie de notre mémoire.

Cette deuxième partie comprend principalement trois étapes dont la première est consacrée aux étapes préliminaires pour le changement de repère et des composantes du champ. Comme notre domaine est un parallélépipède rectangle, il y a des conditions sur ses dimensions x_0 et y_0 et z_0.Nous avons besoin aussi des données synthétiques pour pouvoir faire un essai pour la première fois pour tester la validité de notre méthode.

Dans la seconde étape, nous présentons un logiciel de modélisation dans un domaine rectangulaire. Ce logiciel est établi avec MATLAB (Matrix laboratory) dans le but de faciliter toutes les applications liées à l'étude de cette technique de modélisation régionale.

Enfin, la dernière étape concerne les résultats obtenus et discussions.

II.1 - **Etapes préliminaires**

Rappelons que le champ géomagnétique en un point donné du notre globe terrestre est représenté dans le repère géographique (0, λ, φ, h) par le vecteur. La latitude λ varie entre -90° à 90°, la longitude φ comprise entre -180° à 180° et l'altitude h est positive ou nulle et est exprimée en mètre. Le vecteur est caractérisé par ses composantes Nord X, Est Y, verticale Z (comptée positivement vers le bas), horizontale H, F (intensité du champ) et des angles D (déclinaison magnétique, comptée positivement vers l'Est) et I (inclinaison magnétique, comptée positivement vers le bas). Nous commençons donc à effectuer le changement de repère et des composantes du champ pour déterminer les coordonnées ainsi que les composantes du champ dans le repère rectangulaire.

II.1.1 - **Changement de repère**

Considérons un point P de coordonnées (λ, φ, h) dans le repère géographique local. Désignons par (λ_0, φ_0, h_0) les coordonnées de l'origine O du repère rectangulaire et par (x, y, z) les coordonnées du point P dans le repère rectangulaire.

● Si l'axe 0x est exactement dans la direction Est- Ouest et 0y dans la direction Nord- Sud (figure II-1)

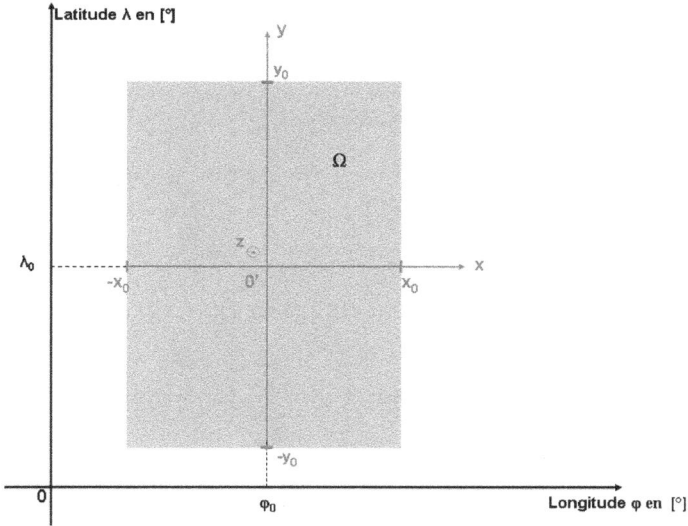

Figure II- 1: *Domaine rectangulaire Ω dans le plan 0xy*

la relation qui relie ces deux systèmes de coordonnées est :

$$\begin{cases} x = C_x (\varphi - \varphi_0) \\ y = C_y (\lambda - \lambda_0) \\ z = h - h_0 \end{cases} \tag{II.1}$$

Nous admettons que la terre est sphérique de rayon R=6371.2 km, x et y sont multipliés par les coefficients C_x et C_y respectivement afin de convertir le degré en km. Ainsi, C_x et C_y sont exprimés en km/degré. D'après la formule classique de la géométrie sphérique, la distance sphérique entre deux points du globe est donnée par :

$$d_{\text{sphérique}} = R \cos^{-1}[\sin(\lambda_1)\sin(\lambda_2) + \cos(\lambda_1)\cos(\lambda_2)\cos(\varphi_2 - \varphi_1)] \tag{II.2}$$

où λ_1 et λ_2 sont les latitudes des points N°1 et N°2 respectivement.

φ_1 et φ_2 sont les longitudes des points N°1 et N°2 respectivement.

R est le rayon terrestre.

C_x correspond à un degré de variation en longitude et pour une valeur de la latitude donnée. Sa valeur s'obtient alors en prenant φ_2-φ_1=1° $= \pi/180$ rad et $\lambda_2 = \lambda_1 = \lambda$, soit :

$$C_x = R \cos^{-1}(\sin^2(\lambda) + \cos^2(\lambda)\cos(\frac{\pi}{180}))$$ (II.3)

Cette formule de C_x correspond à un polynôme de 4 degré à 0,01km près (figure II-2) c'est – à – dire :

$$C_x = C_4\lambda^4 + C_3\lambda^3 + C_2\lambda^2 + C_1\lambda^1 + C_0$$ (II.4)

Les valeurs des coefficients C_0 à C_4 sont affichées sur la figure II-2.

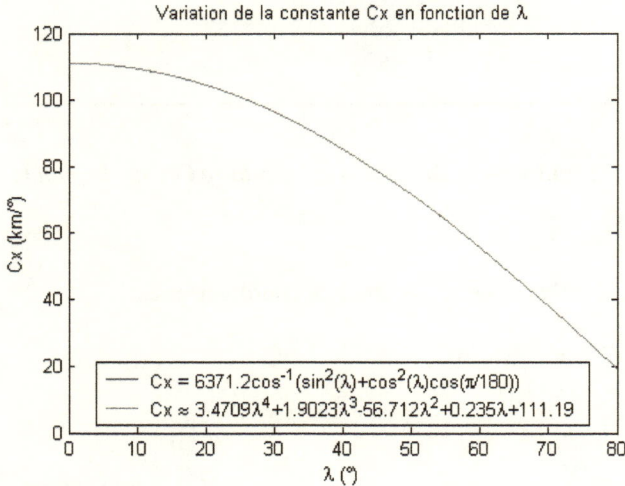

Figure II- 2 : *Courbe de variation de la constante C_x en fonction de la latitude λ*

Remarquons que varie C_x beaucoup en fonction de la latitude (figure II-2). Par exemple, à l'équateur (λ=0°), C_x =111,19km/ degré.

Avec λ=25°, C_x =100km/ degré et avec λ=80°, C_x =20km/ degré.

La relation II.4 permet de déterminer λ connaissant C_x. La figure II-3 illustre la dépendance de C_x en fonction de λ à l'aide d'une représentation géométrique concrète.

C_y correspond à $1°$ de variation en latitude et pour une valeur de la longitude donnée. Sa valeur s'obtient alors en prenant $\varphi_2 - \varphi_1 = 1° = \pi/180$ rad et $\varphi_2 = \varphi_1$. La valeur de C_y est constante et est donnée par :

$$C_y = R\cos^{-1}(\sin(\lambda)\sin(\lambda + \frac{\pi}{180}) + \cos(\lambda)\cos(\lambda + \frac{\pi}{180})) = C_0 = \frac{\pi R}{180} \qquad (II.5)$$

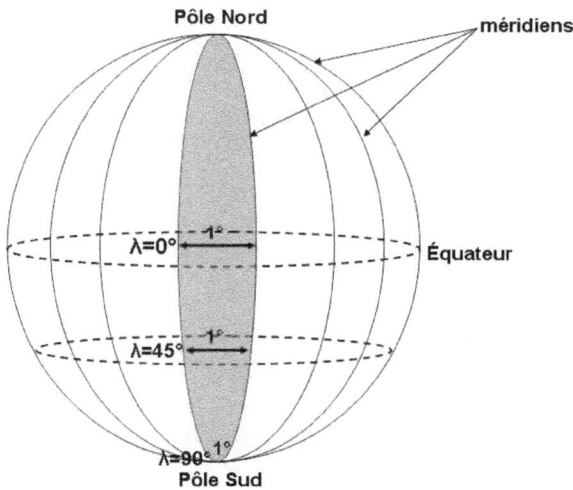

Figure II- 3 : *Illustration de la dépendance de C_x en fonction de la latitude λ.*

● Maintenant, si l'axe 0x fait un angle μ avec la direction Est- Ouest (figure II-4), μ est compté positivement vers le nord et négativement vers le sud, alors il faut faire une rotation d'angle μ dans le plan horizontal c'est-à-dire on utilise la matrice de rotation classique :

$$M = \begin{pmatrix} \cos\mu & \sin\mu & 0 \\ -\sin\mu & \cos\mu & 0 \\ 0 & 0 & 1 \end{pmatrix} \qquad (II.6)$$

Alors, la relation entre (λ, φ, h) et (x, y, z) est :

$$\begin{cases} x = \quad \cos\mu \ x_P + \sin\mu \ y_P \\ y = -\sin\mu \ x_P + \cos\mu \ y_P \\ z = \quad z_P \end{cases}$$ (II.7)

Ou sous forme matricielle :

$$\begin{pmatrix} x \\ y \\ z \end{pmatrix} = \begin{pmatrix} \cos\mu & \sin\mu & 0 \\ -\sin\mu & \cos\mu & 0 \\ 0 & 0 & 1 \end{pmatrix} \begin{pmatrix} x_P \\ y_P \\ z_P \end{pmatrix}$$ (II.8)

Avec $\begin{cases} x_P = C_x\,(\varphi - \varphi_0) \\ y_P = C_y\,(\lambda - \lambda_0) \\ z_P = h - h_0 \end{cases}$

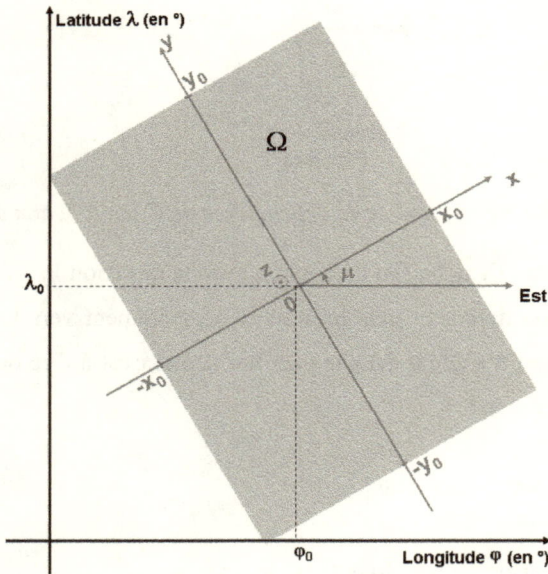

Figure II- 4: *Domaine rectangulaire Ω dans le plan 0xy en faisant une rotation d'angle μ avec la direction Est-Ouest*

Et inversement, connaissant (x, y, z) on peut déterminer (λ, φ, h) en suivant les étapes ci-dessous :

- Calcul de (x_P, y_P, z_P) avec la formule $\begin{pmatrix} x_P \\ y_P \\ z_P \end{pmatrix} = \begin{pmatrix} \cos\mu & \sin\mu & 0 \\ -\sin\mu & \cos\mu & 0 \\ 0 & 0 & 1 \end{pmatrix}^{-1} \begin{pmatrix} x \\ y \\ z \end{pmatrix}$

- Calcul de λ à l'aide de la relation $\lambda = \lambda_0 + \dfrac{y_P}{C_y}$.

- Calcul de φ à l'aide de la relation $\varphi = \varphi_0 + \dfrac{y_P}{C_y}$.

- Calcul de h : h=h_0+z_P.

II.1.2 - Changement des composantes du champ

Nous partons des composantes X, Y, Z du champ dans le repère géographique local puis nous calculons les composantes rectangulaires B_x, B_y, B_z.

● Si l'axe 0x est exactement dans la direction Est- Ouest et 0y dans la direction Nord- Sud sur la figure précédente, la relation entre les composantes X, Y, Z du champ et les composantes rectangulaires est :

$$\begin{pmatrix} B_x \\ B_y \\ B_z \end{pmatrix} = \begin{pmatrix} Y \\ X \\ -Z \end{pmatrix} \tag{II.9}$$

● Mais, si l'axe 0x fait un angle μ avec la direction Est- Ouest, on utilise la matrice de rotation M (II.6) et les composantes rectangulaires du champ sont données par :

$$\begin{pmatrix} B_x \\ B_y \\ B_z \end{pmatrix} = M \begin{pmatrix} Y \\ X \\ -Z \end{pmatrix} \tag{II.10}$$

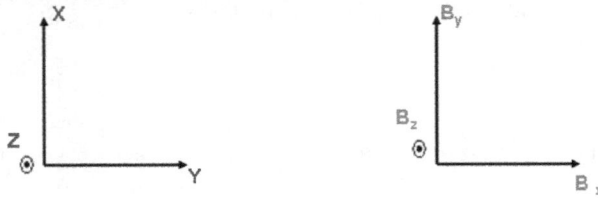

Figure II- 5: *Repère géographique locale et repère rectangulaire*

II.1.3 - Conditions sur les dimensions x_0 et y_0 du domaine rectangulaire

Dans la transformation précédente, nous avons adopté la distance sphérique donnée par (II.2). Or dans le repère rectangulaire, nous adoptons la géométrie plane classique, c'est-à-dire que la distance entre deux points est donnée par :

$$d_{plane} = \sqrt{(x_2 - x_1)^2 + (y_2 - y_1)^2 + (z_2 - z_1)^2} \qquad \text{(II.11)}$$

avec

$$\begin{cases} x_1 = R\cos\lambda_1\cos\varphi_1 \\ y_1 = R\cos\lambda_1\sin\varphi_1 \\ z_1 = R\sin\lambda_1 \end{cases} \quad \text{et} \quad \begin{cases} x_2 = R\cos\lambda_2\cos\varphi_2 \\ y_2 = R\cos\lambda_2\sin\varphi_2 \\ z_2 = R\sin\lambda_2 \end{cases} \qquad \text{(II.12)}$$

où λ_1 et λ_2 représentent respectivement les latitudes des points N°1 et N°2.

φ_1 et φ_2 représentent respectivement les longitudes des points N°1 et N°2.

R est le rayon terrestre.

Naturellement, la distance sphérique entre deux points est supérieure ou égal à la distance plane.

Notons par Δd l'écart entre ces deux distance, c'est-à-dire :

$$\Delta d = d_{sphérique} - d_{plane} \qquad \text{(II.13)}$$

Les valeurs des limites x_0 et y_0 doivent être choisies de façon à ce que Δd soit petit.

Etudions les variations de Δd en fonction de λ et de φ :

Faisons varier φ pour une valeur de λ donnée c'est-à-dire nous prenons les valeurs suivantes dans la formule II-2 :

$$\lambda_1 = \lambda_2 \text{ et } \varphi_2 - \varphi_1 = \Delta\varphi \text{ avec } \varphi_1 = 0 \text{ donc } \varphi_2 = \Delta\varphi \qquad \text{(II.14)}$$

Et traçons Δd en fonction $\Delta\varphi$:

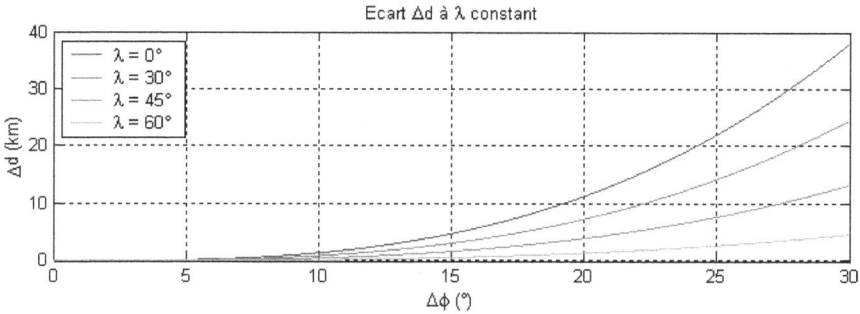

Figure II- 6: *Ecart Δd en fonction de la variation de longitude Φ à latitude λ constant*

Faisons varier λ pour une valeur de φ donnée c'est-à-dire nous prenons les valeurs suivantes dans la formuleII.2 :

$$\varphi_1 = \varphi_2 \text{ et } \lambda_2 - \lambda_1 = \Delta\lambda \text{ avec } \lambda_1 = 0 \text{ donc } \lambda_2 = \Delta\lambda \qquad (\text{II.15})$$

Et représentons Δd en fonction $\Delta\lambda$

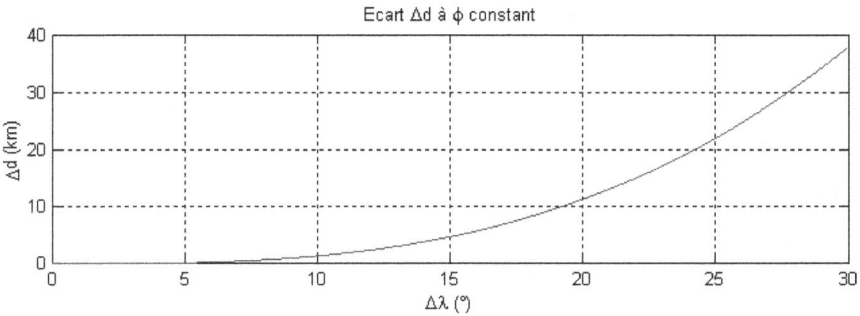

Figure II- 7: *Ecart Δd en fonction de la variation de latitude λ à longitude Φ constant*

D'après les figures II-6 et II-7, Δd croit en fonction de $\Delta\varphi$ et $\Delta\lambda$. Par exemple, l'incertitude sur la détermination de la distance Δd est de 5 km pour $\Delta\lambda$ égale à 15°. Donc pour que Δd soit inférieur à 0.1km, il faut que l'équivalent de x_0 et y_0 en degré soit inférieur à 8°.

Pour conclure, il faut que x_0 et y_0 soient inférieurs à 8° si nous voulons que l'écart entre la distance sphérique et la distance plane soit plus petite que 1 km.

II.1.4 - <u>Confection de données synthétiques</u>

Une fois que les paramètres géométriques du domaine rectangulaire sont déterminés, nous pouvons passer à la validation de notre méthode à l'aide des données synthétiques : La confection de données synthétiques se fait selon les étapes suivantes :

- Nous préparons des points à distribution régulière ou aléatoire dont le nombre est en accord avec le nombre des coefficients nécessaires donné par la relation I.28.
- Nous calculons le champ en chaque point avec le modèle CM4.
- Nous bruitons les valeurs ainsi obtenues avec un bruit blanc Gaussien de moyenne nulle et de variance σ^2 avec $\sigma = 5nT$ (incertitude absolue sur la détermination des éléments du champ)

Une fois que les données sont prêtes, nous pouvons représenter l'erreur en fonction des indices m et n. Puis connaissant les valeurs optimales correspondantes, nous passons à la représentation spatiale des résidus afin de quantifier les effets de bord.

Pour faciliter tous nos travaux, nous avons établi un logiciel de modélisation rectangulaire que nous allons décrire par la suite

II.2 - <u>Description du logiciel de modélisation dans un domaine rectangulaire</u>

Notre logiciel a été établi avec Matlab, abréviation de MATrix LABoratory. Matlab est un logiciel de programmation scientifique. Il fut conçu initialement, au début des années 1980, pour manipuler aisément des matrices à l'aide de fonctions pré - programmées en s'affranchissant des contraintes des langages de programmation classique :

- plus de déclaration de variables

- plus de phase d'édition – compilation - exécution.

Cette orientation matricielle a depuis évolué vers un outil pouvant être vu comme une super-calculatrice graphique et regroupant dans la version de base la quasi-majorité des problèmes numériques. Au début, il était écrit en Fortran par C. Moler et destiné à faciliter l'accès au logiciel matriciel développé dans les projets LINPACK et EISPACK. La version actuelle, écrite en C par the MATH Works INC, existe en version professionnelle et en version étudiante. Matlab est disponible sur différentes plateformes (Unix, pc, mac, etc....).

L'approche matricielle de Matlab permet de traiter des données sans aucune limitation de taille et de réaliser des calculs numériques de façon fiable et rapide. Grâce à ses fonctions graphiques, il devient très facile de modifier interactivement les différents paramètres des graphiques pour les adapter selon nos besoins.

La particularité de Matlab est qu'il permet de travailler interactivement soit en mode commande, soit en mode programmation tout en ayant toujours la possibilité de faire des visualisations graphiques (Part-Enander et al, 1996). Avec Matlab, nous pouvons réaliser des programmes complexes ne nécessitant pas la ré-programmation de routines ou fonctions classiques car il comprend déjà une grande variété d'algorithmes scientifiques ainsi que de fonctions prédéfinies indispensables pour atteindre notre objectif. Les fichiers de programmes écrits en Matlab portent l'extension '.m'. La version 6.5 de Matlab, qui date de juin 2002, est complètement satisfaisante sachant qu'elle inclut déjà toutes les fonctions de base utiles pour réaliser notre étude. Enfin, les possibilités de représentations graphiques offertes par Matlab nous permettent d'établir aisément notre logiciel de modélisation dans un domaine rectangulaire et de créer ainsi une interface graphique que nous allons décrire par la suite.

Le programme principal s'appelle 'mod001.m' et assure l'affichage de la fenêtre principale représentée sur la figure II-9. Il est relié aux fichiers et sous-programmes suivants (figure II-8) :

- cadre.m : création d'un cadre pour bien séparer les différentes parties de la fenêtre principale.

- datamod.m : définition des actions à exécuter en cliquant sur chaque objet de la fenêtre principale. Cette fonction est reliée aux sous-programmes suivants :

- convxyz.m : création des limites suivant x, y et z du domaine rectangulaire et conversion des coordonnées rectangulaires correspondantes en coordonnées géographiques ϕ, λ et h.

- rempli.m : calcul des valeurs du champ ou des résidus en tout point du domaine rectangulaire.

- makegrid.m : fonction de représentation graphique destinée à afficher des quadrillages selon les graduations des axes.

- madacoc.txt : fichier de données contenant les longitudes et latitudes définissant le contour de Madagascar à l'altitude h = 0.

- calc_Fb.m : création de la matrice des fonctions F (relation I.29a) pour le calcul des coefficients de Gauss dans l'étude du problème inverse. Cette fonction est reliée aux 18 sous programmes (fa1x.m à fb3z.m, figure II-8) qui calculent les dérivées du potentiel V dans le repère rectangulaire : 6 sous programmes pour les dérivées par rapport à x (calcul de B_x), 6 sous programmes pour les dérivées par rapport à y (calcul de B_y) et 6 sous programmes pour les dérivées par rapport à z (calcul de B_z). Les valeurs ainsi calculées sont les éléments de la matrice F correspondant aux coefficients de Gauss $A_1^{m,n}$, $B_1^{m,n}$, $A_2^{m,n}$, $B_2^{m,n}$, $A_3^{m,n}$ et $B_3^{m,n}$ respectivement.

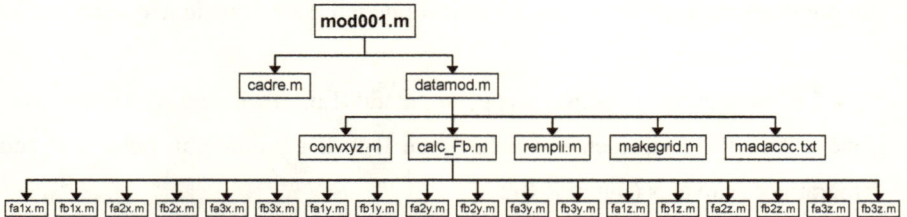

Figure II- 8: *Liaison entre le programme principal et les différents fichiers et sous-programmes nécessaires.*

Ce logiciel de modélisation répond aux besoins suivants :

- lecture des données géomagnétiques X, Y et Z dans le repère géographique local, stockées dans un fichier dont le format est à définir,

- représentation numérique et graphique des composantes X, Y et Z lues précédemment,

- détermination des paramètres géométriques ϕ_0, λ_0, h_0, x_0, y_0 et z_0 du domaine rectangulaire à considérer,

- calcul et représentation graphique ou numérique des composantes Bx, By, et Bz dans le repère rectangulaire,

- détermination des erreurs de modélisation en fonction des indices de troncature M_{max} et N_{max},

- représentation de la variation spatiale des résidus sur chaque composante pour des valeurs de M_{max} et N_{max} données

- création d'une distribution de points uniforme ou aléatoire pour confectionner des données synthétiques ou calculer systématiquement les composantes du champ dans le repère rectangulaire.

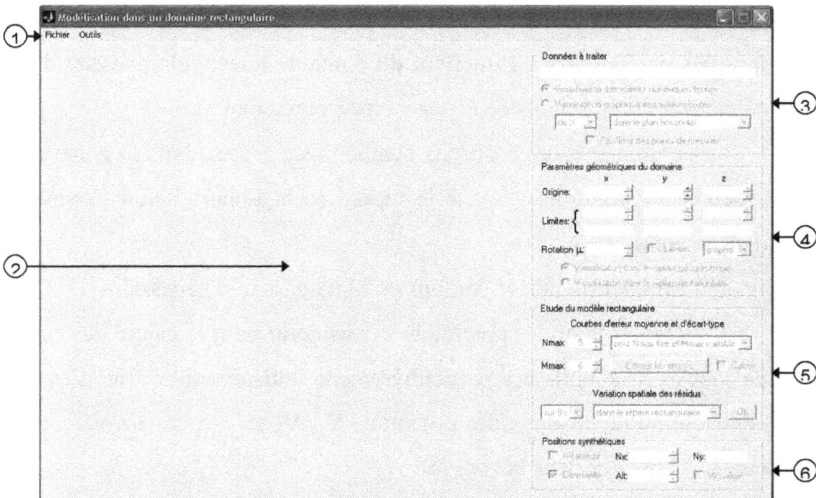

Figure II- 9: *Fenêtre principale du logiciel de modélisation dans un domaine rectangulaire.*

En lançant le programme principal 'mod001.m', la fenêtre principale représentée sur la figure II.9 est affichée. Certains sous-menus ou boutons sont initialement désactivés et nous avons conçus le logiciel de façon à ce qu'ils ne seront activés que s'ils sont nécessaires. Ils seront automatiquement désactivés de nouveau s'ils ne sont pas nécessaires. La fenêtre principale comprend six zones :

① - Une zone composée de deux menus (figure II-10) : le menu 'Fichier' permet d'ouvrir un fichier de données géomagnétiques dans le repère géographique local, d'enregistrer les positions ainsi que les valeurs du champ dans le repère rectangulaire, d'imprimer l'image représentée sur la zone ② dans un fichier de format *.tif ou *.jpg ou *.bmp, et de quitter la fenêtre principale en cliquant sur le sous-menu correspondant. Le menu 'Outils' comprend six sous-menus pour :

- définir la taille des symboles pour représenter graphiquement les positions des points de mesures si l'option 'Positions de points de mesures' de la zone ③ est cochée,

- vérifier les positions des points de mesures par rapport aux limites du domaine rectangulaire choisies dans la zone④. Notons que tous les points de mesures doivent être à l'intérieur du domaine rectangulaire avant de pouvoir calculer les coefficients de Gauss correspondant au modèle

- enregistrer les positions synthétiques créées dans la zone ⑥ dans le repère géographique ou dans le repère rectangulaire selon l'option cochée dans la zone ④

- afficher ou non le contour de Madagascar si nécessaire

- choisir le ou les potentiels à considérer pour le calcul des coefficients de Gauss. Cet outil est particulièrement indispensable afin d'examiner la contribution de chacune des potentiels V_1, V_2 et V_3 pour les valeurs de N_{max} ou M_{max} choisies dans la zone ⑤

- remplir ou non tout le domaine : dans le cas d'une distribution de points non uniforme, le graphe d'une composante du champ ne peut pas remplir tout le domaine rectangulaire. Or après avoir calculé les coefficients de Gauss dans la zone ⑤, il est possible de déterminer le champ en tout point du domaine et le graphe peut remplir ainsi tout le domaine.

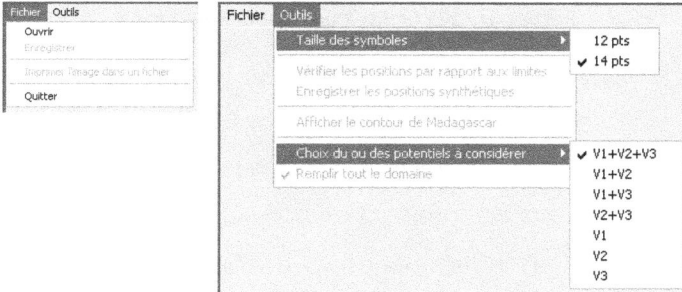

Figure II- 10: *Détails des menus de la zone ⑦ de la figure II.9.*

② - Une zone pour afficher le nom du fichier contenant les données à traiter et de les représenter numériquement ou graphiquement selon l'option choisie dans la zone③. La représentation graphique peut se faire soit dans le repère géographique, soit dans le repère rectangulaire selon l'option choisie dans la zone④. Elle sert également à afficher les courbes d'erreur ainsi que la variation spatiale des résidus des modèles calculés dans la zone⑤.

③ - Une zone pour visualiser les données à traiter. Cette zone permet d'afficher le nom du dossier contenant le fichier de données, de visualiser directement le contenu de ce fichier en sélectionnant l'option 'Visualisation des valeurs numériques brutes', de visualiser graphiquement les valeurs de la composante X ou Y ou Z dans le plan horizontal (Longitude-Latitude ⇆ xy) ou dans le plan vertical (Longitude-Altitude ⇆ xz) ou dans le plan vertical (Latitude-Altitude ⇆ yz) en sélectionnant l'option 'Visualisation graphique des valeurs brutes' puis les options des menus déroulants correspondant (figure II-11). Il est également possible de marquer ou non les positions des points de mesures en cliquant sur l'option 'Positions des points de mesures'.

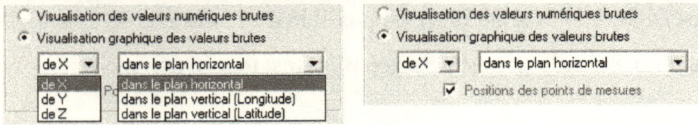

Figure II- 11: *Détails des options de la zone ③.*

④ - Une zone pour déterminer aisément les paramètres géométriques du domaine rectangulaire correspondant aux données à traiter (figure II-12). Elle permet d'ajuster les coordonnées géographiques (ϕ_0, λ_0, h_0) de l'origine du repère rectangulaire ainsi que les valeurs des limites x_0, y_0 et z_0 en degrés ou en km. Rappelons que les coordonnées (ϕ_0, λ_0, h_0) correspondent à x = 0, y = 0 et z = 0 dans le repère rectangulaire et que $-x_0 \leq x \leq x_0$, $-y_0 \leq y \leq y_0$ et $-z_0 \leq z \leq z_0$. Il est également possible d'ajuster l'angle de rotation μ de façon à obtenir le maximum de densité de points de mesures dans le domaine rectangulaire. Afin d'éviter d'éventuelle erreur sur l'introduction des valeurs des paramètres, nous avons choisi de les modifier uniquement à l'aide de la souris tout en considérant des valeurs raisonnables appropriées aux données traitées. Les limites et les axes du domaine peuvent être tracées ou non en cliquant sur l'option 'Limites'. La visualisation peut se faire soit dans le repère géographique (ϕ, λ, h, X, Y, Z), soit dans le repère rectangulaire (x, y, z, B_x, B_y, B_z). La visualisation dans le repère rectangulaire peut être graphiquement en choisissant l'option 'graphe' ou numériquement en choisissant l'option 'valeurs'. Dans le cas où cette option 'valeurs' est choisie, le sous menu 'Enregistrer' dans le menu 'Fichier' de la zone ① est activé et il est alors possible de sauvegarder les valeurs de (x, y, z, B_x, B_y, B_z) correspondant dans un fichier.

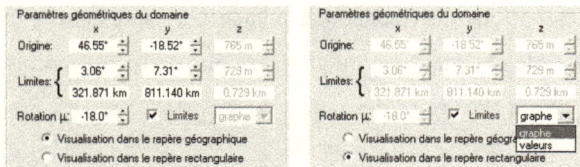

Figure II- 12: *Détails des options de la zone ④.*

⑤ - Une zone pour l'étude du modèle rectangulaire proprement dite. Elle permet d'examiner l'erreur moyenne et l'écart-type sur chaque composante en fonction des indices de troncature N_{max} et M_{max}. L'étude peut se faire soit (figure II-13) :

- pour N_{max} fixé et M_{max} variable afin d'examiner de près l'influence de M_{max}

- pour N_{max} variable et M_{max} fixé afin d'examiner de près l'influence de N_{max}

- pour N_{max} et M_{max} variables. La case à cocher 'Calcul' est activée si cette option

est choisie. Sachant qu'elle demande un temps de calcul relativement long, après avoir fait le calcul une seule fois, il est possible d'enregistrer temporairement les valeurs ainsi calculées et de ne plus faire le calcul en décochant l'option 'Calcul' si nous voulons revoir les erreurs déjà calculées. Cependant, le calcul est obligatoire si les paramètres géométriques du domaine définis dans la zone ④ sont modifiés. Pour les trois options précédentes, le calcul se fait en cliquant sur le bouton poussoir 'Estimer les erreurs'.

- pour N_{max} fixé et M_{max} fixé. Cette option est utile pour visualiser la variation spatiale des résidus du modèle pour des valeurs de N_{max} et M_{max} données, notamment les résidus sur B_x, B_y et B_z dans le repère rectangulaire ou les résidus sur X, Y, et Z dans le repère géographique. Après avoir choisi les valeurs de N_{max} et M_{max} à adopter, on clique sur le bouton 'Ok' pour lancer le calcul et la visualisation.

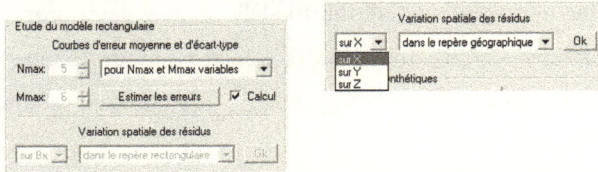

Figure II- 13: *Détails des options de la zone⑤.*

⑥ - Une zone pour créer automatiquement des positions synthétiques selon une distribution aléatoire ou uniforme. Cette zone est particulièrement indispensable pour confectionner des données synthétiques ou calculer systématiquement les composantes du champ dans le repère rectangulaire. Elle permet de choisir le nombre de points à considérer suivant l'axe des x (N_x) et suivant l'axe des y (N_y). Pour pouvoir uniformiser la distribution des points de mesures, N_x et N_y doivent être proportionnels aux limites x_0 et y_0. Ainsi, il suffit de choisir la valeur de N_x et N_y s'obtient simplement par :

$$N_y = \Re\left(\frac{y_0}{x_0} N_x\right) \tag{II.16}$$

où $\Re$ désigne la valeur entière arrondie (qui s'obtient avec la fonction 'round.m' de Matlab)

La répartition des points dans le plan horizontal peut être aléatoire (en cochant l'option 'Aléatoires') ou uniforme (en décochant l'option 'Aléatoires'). Dans le plan vertical, l'altitude des points peut être constante (en cochant l'option 'Constante') ou aléatoire (en décochant l'option 'Constante'). La distribution aléatoire s'obtient en considérant $N_x N_y$ positions uniformément réparties sur $[-x_0, x_0]$, $[-y_0, y_0]$ et $[-z_0, z_0]$ (la loi uniforme s'obtient avec la fonction 'rand.m' de Matlab). Nous remarquons que les positions sont toujours à l'intérieur du domaine rectangulaire dont les paramètres correspondants sont définis dans la zone④. Il est également possible de visualiser ou non les positions synthétiques en cliquant sur l'option 'Visualiser' et de les sauvegarder dans un fichier à l'aide du sous-menu 'Enregistrer les positions synthétiques' dans le menu 'Outils' de la zone①.

Nous allons par la suite décrire un exemple concret afin de bien illustrer le fonctionnement de notre logiciel de modélisation.

II.3 - Illustration du fonctionnement du logiciel de modélisation

Toutes les figures explicitant les résultats que nous allons présenter dans le paragraphe II.4 sont obtenues à l'aide du logiciel que nous venons de décrire. Or, il y a des détails importants que nous n'avons pas pus exposer au cours de notre description. D'où, il est indispensable de considérer un exemple concret pour mieux démontrer les différentes possibilités offertes par notre logiciel de modélisation ainsi que les résultats correspondant.

Pour pouvoir tester si le modèle peut effectivement représenter le champ magnétique terrestre, prenons l'exemple du champ calculé par le modèle global CM4 (Sabaka et al., 2004) correspondant aux 25 stations de répétition malgaches occupées depuis 1983 (annexe B).

II.3.1 - Lecture des données à traiter

On commence le traitement par lire les données en cliquant sur le sous-menu 'Ouvrir' dans le menu 'Fichier' de la zone ①. Puis, le contenu du fichier correspondant est affiché sur la zone②. Le nom du fichier pris en charge par le logiciel doit porter l'extension '.geo' et dont le format est illustré sur la figure II.14. Nous remarquons que la première ligne doit être exactement identique à '   lat (°) lon (°)   alt (m)   X (nT)   Y (nT)   Z (nT)'. Il n'y a pas de colonne de numérotations dans le fichier '*.geo', les numérotations affichées sur la figure II-14 ont été ajoutées automatiquement par le logiciel. C'est juste pour l'affichage mais le logiciel ne modifie point le contenu du fichier de départ. On peut toujours visualiser le contenu du fichier de départ en cliquant sur l'option 'Visualisation des valeurs numériques brutes' de la zone③.

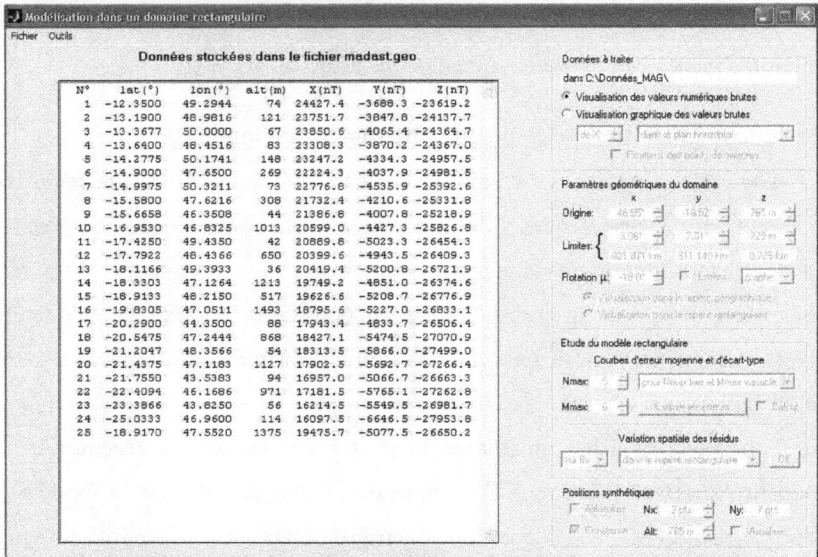

Figure II- 14: *Illustration du format du fichier pris en charge par le logiciel de modélisation.*

II.3.2 - <u>Visualisation graphique des données à traiter</u>

L'étape suivante consiste à visualiser graphiquement les données à traiter en cliquant sur l'option 'Visualisation graphique des valeurs brutes' de la zone ③. Cette étape est surtout indispensable pour connaître la répartition spatiale des points de mesures ainsi que la variation spatiale de chaque composante. Elle permet notamment de bien caractériser le comportement général du champ géomagnétique dans la région d'étude, de détecter d'éventuelles valeurs aberrantes et de vérifier les futures valeurs estimées par le modèle rectangulaire.

Pour marquer les points de mesures, il suffit de cocher l'option 'Positions des points de mesures' et on peut choisir la composante à représenter ainsi que le plan de représentation dans la zone ③. Le contour de Madagascar peut être affiché en cliquant sur le sous-menu correspondant dans le menu 'Outils'.

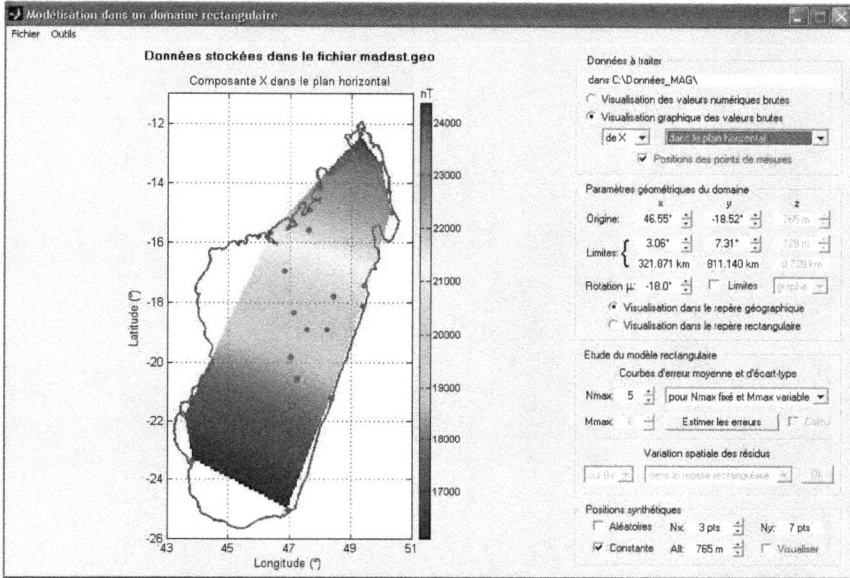

Figure II- 15: *Visualisation graphique dans le plan horizontal*

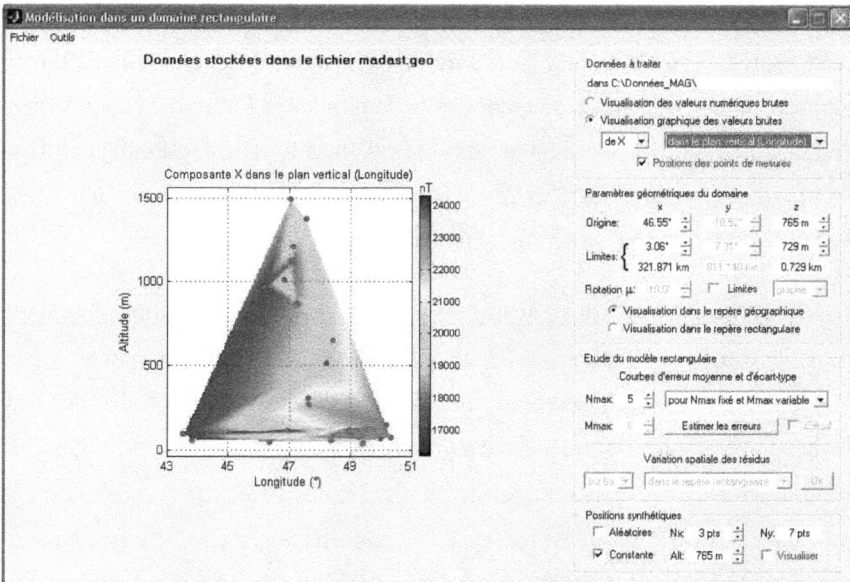

Figure II- 16: *Visualisation graphique dans le plan vertical (Longitude–Altitude).*

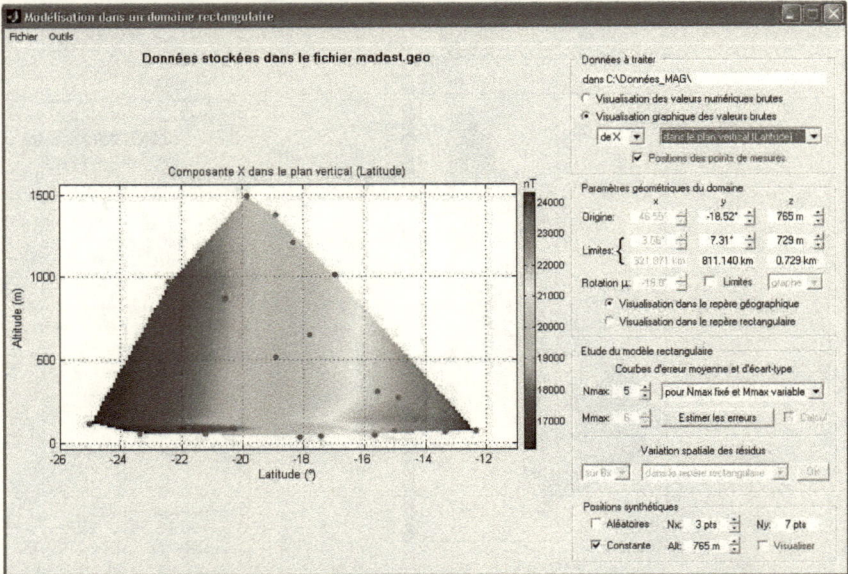

Figure II- 17: *Visualisation graphique dans le plan vertical (Latitude–Altitude).*

A titre d'exemple, les figures II-15 à II-17 nous montrent la visualisation de la composante X dans trois plans orthogonaux. Nous y observons clairement la variation de X en fonction de la longitude, la latitude et l'altitude. Naturellement, X augmente en fonction de la longitude (figures II-15 et II-16) et diminue en fonction de la latitude (figures II-15 et II-17). Par contre, la variation en altitude n'est pas nette voire négligeable entre 0 et 1500m (figures II-16 et II-17).

II.3.3 - <u>Détermination des paramètres géométriques du domaine rectangulaire</u>

La troisième étape consiste à déterminer les paramètres géométriques du domaine rectangulaire plus approprié aux données considérées à l'aide des boutons de la zone④. Pour cela, on affiche les limites en cochant l'option 'Limites'. Sinon, les limitent s'affichent automatiquement si on modifie l'un des paramètres ϕ_0, λ_0, h_0 (origine sur x, y, z respectivement), x_0, y_0, z_0 (limites sur x, y, z respectivement) et μ (angle de rotation). Les limites x_0, y_0, sont données en degrés ou en km et z_0 en m. A titre d'exemple, la figure II-18 nous montre les paramètres plus appropriés au cas de Madagascar dans le plan horizontal : $\phi_0 = 46.55°$, $\lambda_0 = -18.52°$, $x_0 = 3.06°$ (321.871km), $y_0 = 7.31°$ (811.140km). Pour déterminer les paramètres dans le plan vertical, on choisit l'une des options 'dans le plan vertical (Longitude)' ou 'dans le plan vertical (Latitude)' de la zone③. Nous obtenons $h_0 = 765m$ et $z_0 = 729m$. (figure II-19).

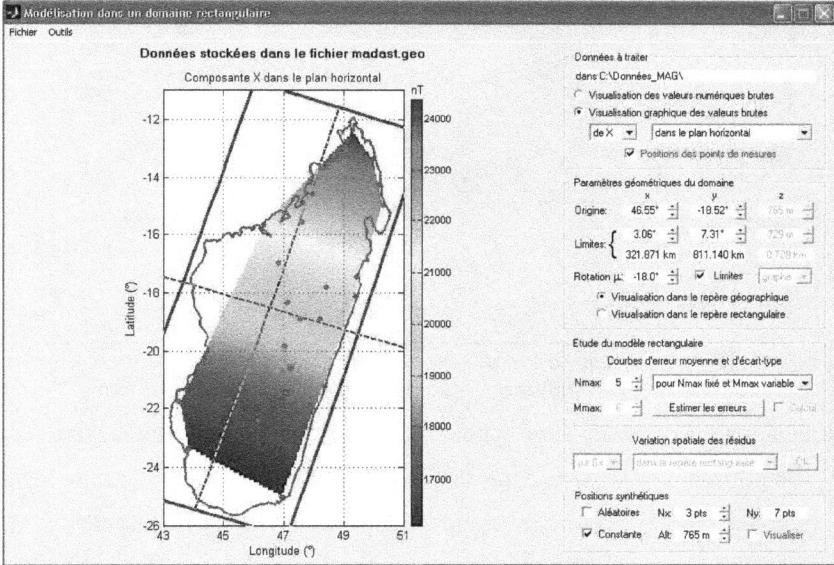

Figure II- 18: *Détermination des paramètres du domaine dans le plan horizontal.*

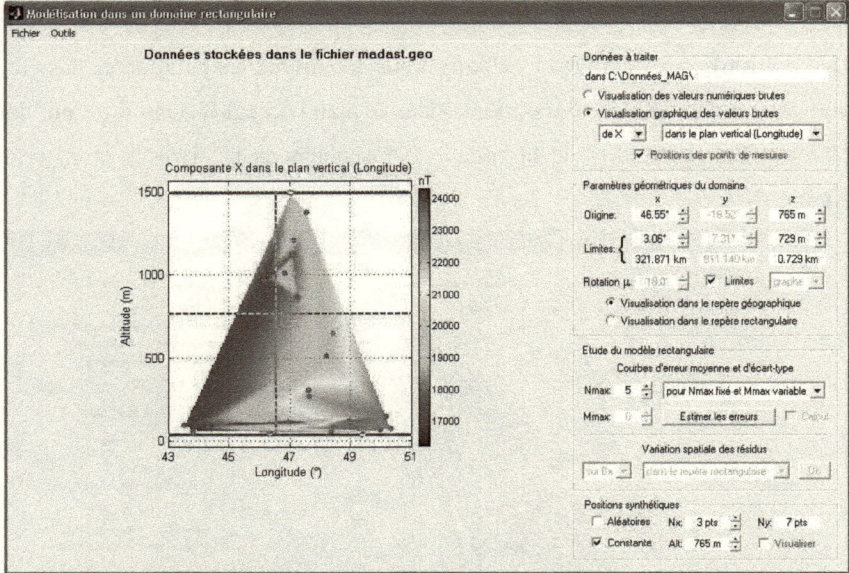

Figure II- 19: *Détermination des paramètres du domaine dans le plan vertical.*

Puis, on peut visualiser graphiquement les données dans le repère rectangulaire en cliquant sur l'option 'Visualisation dans le repère rectangulaire' de la zone ④ comme nous montre la figure II-20. Rappelons que nous avons les composantes X, Y, Z dans le repère géographique et les composantes B_x, B_y, B_z dans le repère rectangulaire. Ainsi pour visualiser B_x, on clique d'abord sur l'option 'Visualisation dans le repère géographique' de la zone④, puis sur l'option 'de X' de la zone③, enfin sur l'option 'Visualisation dans le repère rectangulaire' de la zone④. De la même façon, pour visualiser B_y, on clique successivement sur l'option 'Visualisation dans le repère géographique' de la zone④, l'option 'de Y' de la zone ③ et l'option 'Visualisation dans le repère rectangulaire' de la zone④. Même opération pour la composante B_z = -Z.

Figure II- 20: *Visualisation graphique dans le repère rectangulaire.*

On peut également visualiser numériquement les positions ainsi que les composantes du champ calculées dans le repère rectangulaire. Pour cela, on clique successivement sur les options 'Visualisation dans le repère rectangulaire' et 'valeurs' de la zone ④ (figure II-21). Si les valeurs sont affichées sur la zone ②, le sous-menu 'Enregistrer' dans le menu 'Fichier' est activé pour les pouvoir les sauvegarder dans un fichier d'extension '.rec' pour des utilisations ultérieures. Mais l'enregistrement n'est pas obligatoire car les valeurs restent connues par le logiciel tant que ce dernier est ouvert. Effectivement, nous pouvons y vérifier l'exactitude de notre transformation.

Modélisation dans un domaine rectangulaire

Fichier   Outils

Données stockées dans le fichier madast.geo

N°	x (km)	y (km)	z (m)	Bx (nT)	By (nT)	Bz (nT)
1	71.174	744.455	-691	-11056.3	22092.1	23619.2
2	66.891	644.859	-644	-10999.2	21400.2	24137.7
3	177.440	660.004	-698	-11236.7	21427.0	24364.7
4	27.474	579.443	-682	-10883.4	20971.6	24367.0
5	225.069	569.116	-617	-11305.9	20770.0	24957.5
6	-12.153	419.262	-496	-10708.0	19888.8	24981.5
7	263.527	497.437	-692	-11352.3	20260.4	25392.6
8	7.944	346.294	-457	-10720.2	19367.6	25331.8
9	-118.312	295.240	-721	-10420.5	19101.6	25218.9
10	-25.326	174.968	248	-10576.1	18222.7	25826.8
11	252.798	210.155	-723	-11232.7	18315.1	26454.3
12	164.505	138.537	-115	-11005.4	17873.5	26409.3
13	271.203	135.280	-729	-11256.2	17812.9	26721.9
14	51.196	38.812	448	-10716.4	17283.6	26374.6
15	179.628	12.384	-248	-11018.7	17056.4	26776.9
16	94.726	-122.431	728	-10779.3	16260.4	26833.1
17	-156.707	-257.846	-677	-10141.9	15571.5	26506.4
18	138.199	-192.129	103	-10900.8	15833.5	27070.9
19	269.732	-226.224	-711	-11238.1	15604.5	27499.0
20	155.981	-290.401	362	-10946.3	15267.1	27266.4
21	-183.556	-437.642	-671	-10058.7	14561.4	26663.3
22	96.496	-423.353	206	-10792.3	14559.1	27262.8
23	-96.124	-600.182	-709	-10288.4	13706.0	26981.7
24	262.870	-676.052	-651	-11295.6	13255.8	27953.8
25	113.606	-9.500	610	-10847.3	16953.5	26650.2

Données à traiter

dans C:\Données_MAG\

Paramètres géométriques du domaine

Etude du modèle rectangulaire

Nmax   5   pour Nmax fixé et Mmax variable

Mmax   Estimer les erreurs

Variation spatiale des résidus

Positions synthétiques

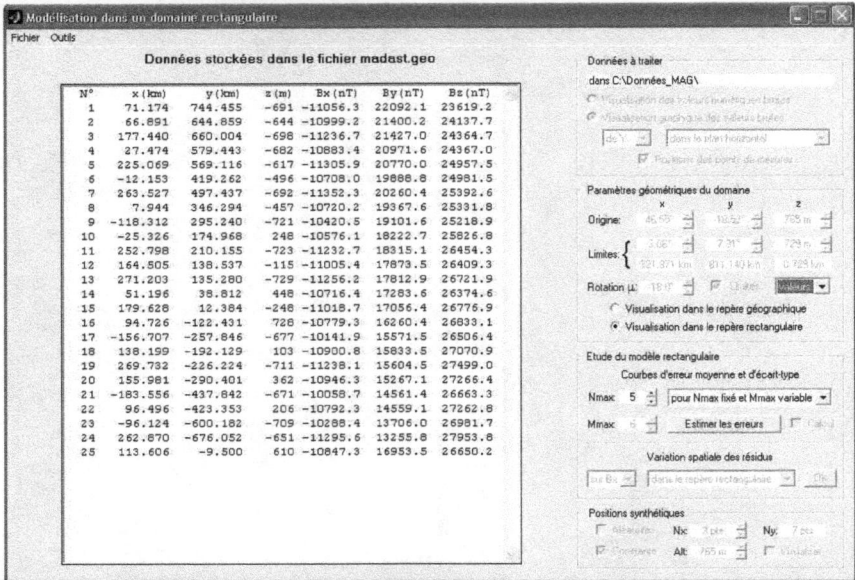

Figure II- 21: *Données dans le repère rectangulaire (*.rec) correspondant aux données dans le repère géographique (*.geo) affichées sur la figure II-14.*

Pour pouvoir réajuster les paramètres du domaine, il faut cliquer de nouveau sur l'option 'Visualisation dans le repère géographique' de la zone④. Pour bien vérifier que tous les points de mesures sont à l'intérieur du domaine, on clique sur le sous-menu correspondant dans le menu 'Outils'.

II.3.4 - Etude du modèle rectangulaire proprement dite

Après avoir choisi les paramètres du domaine les plus appropriés aux données considérées, on peut passer à l'étude du modèle rectangulaire proprement dite à l'aide de la zone⑤. Plus précisément, il s'agit d'abord de caractériser les variations de l'erreur moyenne (donnée par les relations I.30) et de l'écart-type (donné par les relations I.31) en fonction de N_{max} ou de M_{max}, puis d'examiner la variation spatiale des résidus sur une composante quelconque pour l'évaluation des effets de bord.

Pour avoir une idée globale sur l'évolution des erreurs de reconstruction du champ en fonction de N_{max} et M_{max}, on choisit l'option 'pour N_{max} et M_{max} variables' puis on clique sur le bouton 'Estimer les erreurs'. Pour pouvoir uniformiser les représentations, nous avons limité l'erreur moyenne entre 0 et 5nT et l'écart-type entre 0 et 50nT, les plus faibles valeurs sont représentées en vert et les valeurs plus élevées au rouge. Ainsi, la couleur rouge correspond aux valeurs supérieures ou égales à 5nT pour l'erreur moyenne et aux valeurs supérieures ou égales à 50nT pour l'écart-type (figure II-22). Remarquons que cette valeur de 50nT correspond à l'incertitude absolue sur la détermination du champ interne à l'aide d'un modèle global (Andriambahoaka, 2008, pp 136-138). Nous avons adopté cette limite pour savoir si notre modèle régional est capable de donner des résultats meilleurs ou non. Classiquement, les valeurs de N_{max} et M_{max} à prendre sont telles que l'erreur moyenne soit inférieure à 1nT et l'écart-type soit inférieure à 10nT. Elles correspondent aux zones vertes sur la figure II-22. Par exemple, nous pouvons prendre : $N_{max} = 2$ et $M_{max} = 7$ (soit 6x2x7 = 84 coefficients de Gauss au total), ou $N_{max}=3$ et $M_{max} = 4$ (soit 6x3x4 = 72 coefficients de Gauss au total), ou $N_{max} = 5$ et $N_{max} = 3$ (soit 6x5x3 = 90 coefficients de Gauss au total). Comme nous n'avons que 25x3 = 75 équations, nous prendrons logiquement $N_{max} = 3$ et $M_{max} = $ 4.

Afin de mieux connaître l'évolution des erreurs du modèle, nous pouvons les examiner spécialement pour $N_{max} = 3$ (figure II-23) ou $M_{max} = 4$ (figure II-24). Pour cela, on choisit l'option 'pour N_{max} fixé et M_{max} variable' ou 'pour N_{max} variable et M_{max} fixé', puis on ajuste la valeur de N_{max} ou M_{max}, et enfin on clique sur le bouton 'Estimer les erreurs'. Les figures II-23 et II-24 montrent que l'erreur moyenne tend pratiquement vers zéro et l'écart-type est inférieur à 10nT à partir de $N_{max} = 3$ et $M_{max} = 4$. Nous remarquons que la convergence vers les solutions est rapide.

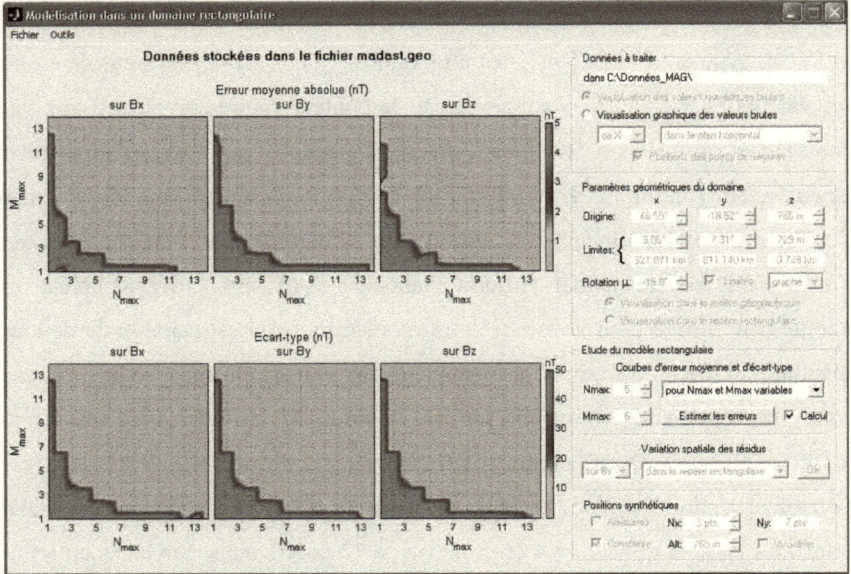

Figure II- 22: *Evolution globale des erreurs en fonction de N_max et M_max.*

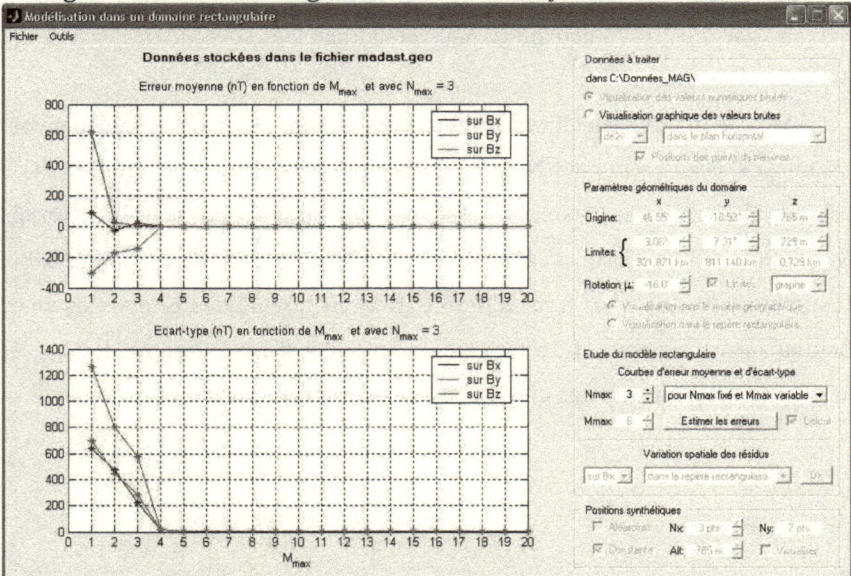

Figure II- 23: *Evolution des erreurs en fonction de M_max et pour une valeur de N_max donnée.*

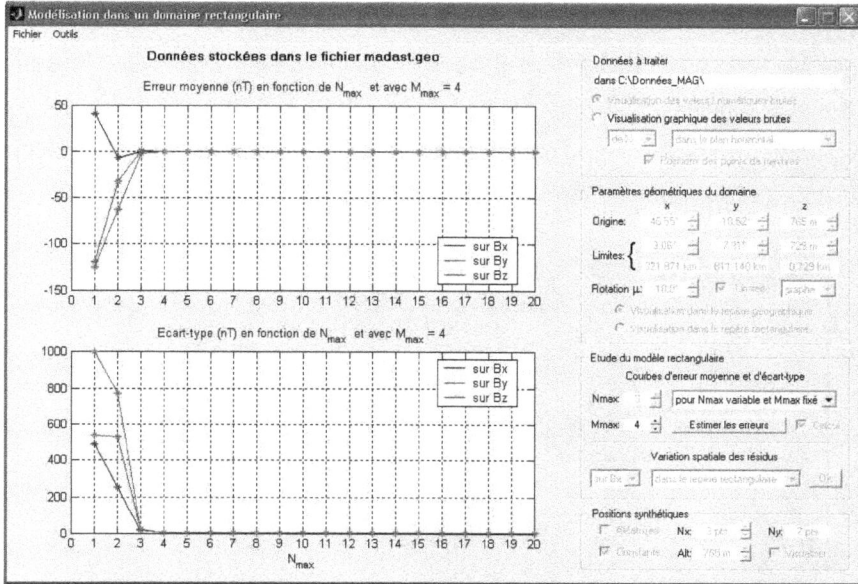

Figure II- 24: *Evolution des erreurs en fonction de N_{max} et pour une valeur de M_{max} donnée.*

II.3.5 - Visualisation de la variation spatiale des résidus

Connaissant les valeurs de N_{max} et M_{max} à adopter, on peut examiner la répartition spatiale des résidus correspondants. Pour cela, on choisit d'abord l'option 'pour N_{max} et M_{max} fixés' puis on ajuste les valeurs de N_{max} et M_{max} dans la partie supérieure de la zone⑤. Ensuite, on choisit le repère de représentation ainsi que la composante à représenter dans la partie inférieure de la zone⑤, et on clique sur le bouton 'Ok'. Nous avons conçu le logiciel de façon à ce que les valeurs faibles (valeurs proches de zéro) soient représentées en vert. Les figures II-25 et II-26 nous montrent respectivement les résidus sur Bx dans le repère rectangulaire et ceux de X dans le repère géographique. Très généralement, les résidus sont inférieurs à 10nT en valeurs absolues.

Le premier essai que nous venons d'illustrer montre la capacité du modèle rectangulaire à représenter le champ magnétique terrestre avec une incertitude absolue plus petite que 50nT. Cependant, il ne nous permet pas de bien examiner numériquement toutes les caractéristiques du modèle. Par exemple, nous observons des fortes valeurs de résidus sur les bords des figures II-25 et II-26, or ce ne sont pas des vrais effets de bord car il n'y a pas de points de mesures sur ces endroits. Nous ne pouvons pas ainsi quantifier les effets de bord avec des données à répartition réelle (aléatoire) uniquement. D'où il est indispensable de considérer des données à répartition uniforme, c'est à dire créer des positions synthétiques.

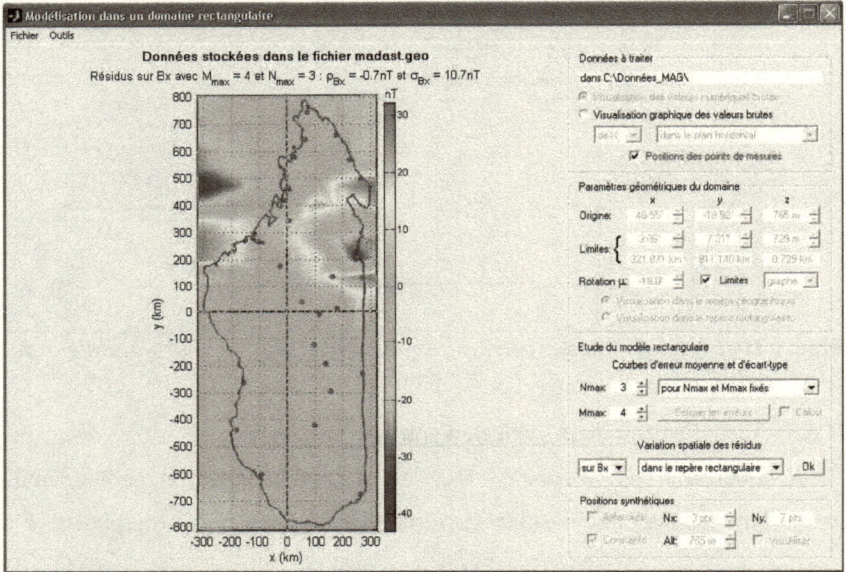

Figure II- 25: *Visualisation des résidus dans le repère rectangulaire.*

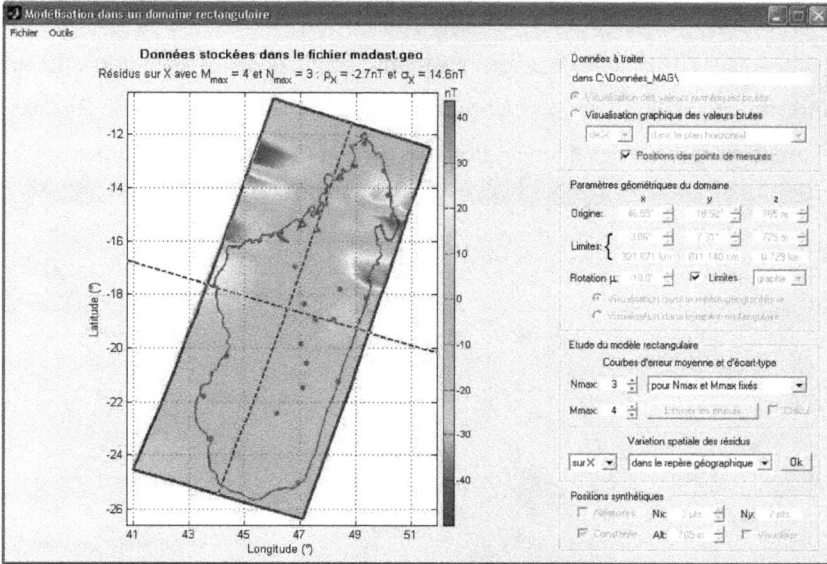

Figure II- 26: *Visualisation des résidus dans le repère géographique.*

II.3.6 - Création de positions synthétiques

Pour une étude plus complète et plus détaillée de ce formalisme de modélisation dans un domaine rectangulaire, nous devons créer des positions synthétiques et ceci peut se faire automatiquement à l'aide de la zone ⑥ de notre logiciel de modélisation. La distribution des points de mesures dans le domaine rectangulaire peut être uniforme ou aléatoire selon notre besoin. Pour activer les boutons de la zone ⑥, on clique sur l'option 'Visualisation graphique des valeurs brutes' de la zone ③. On choisit successivement la répartition dans le plan horizontal avec l'option 'Aléatoires' (cochée : aléatoire, non cochée : uniforme), la répartition dans le plan vertical avec l'option 'Constante' (cochée : altitude constante, non cochée : altitude aléatoire), la valeur de Nx et on coche l'option 'Visualiser'. Les figures II-27 et II-28 nous montrent des exemples de positions synthétiques au nombre identique à distribution uniforme et aléatoire respectivement. Le pas de maillage pour la distribution uniforme est de 102km environ. Il est possible de les enregistrer à l'aide du sous-menu correspondant dans le menu 'Outils'. Les fichiers de positions synthétiques portent l'extension '.pge' (dans le repère géographique) ou '.pre' (dans le repère rectangulaire). Les données synthétiques correspondant à ces positions seront utilisées dans toute la suite de notre travail. Elles nous permettront particulièrement d'étudier l'influence de la distribution spatiale des données utilisées dans le modèle rectangulaire.

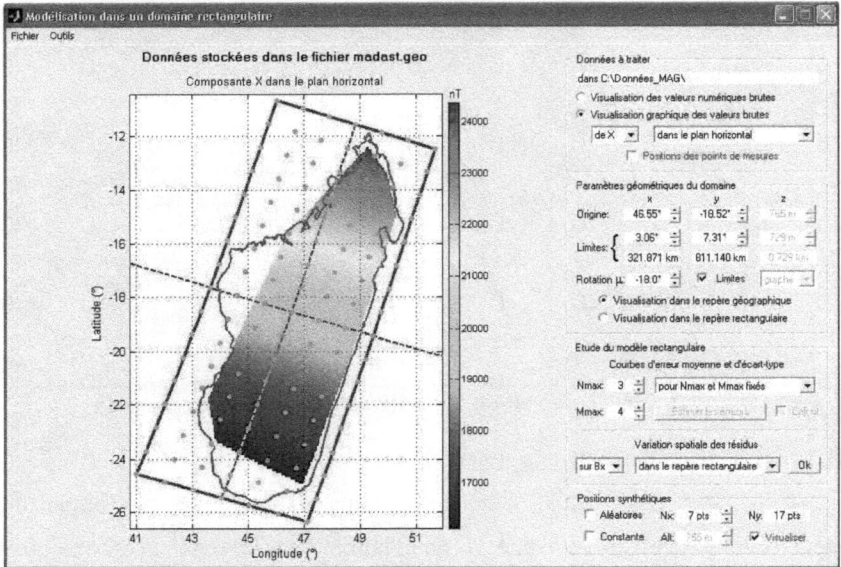

Figure II- 27: *Création de positions synthétiques à distribution uniforme.*

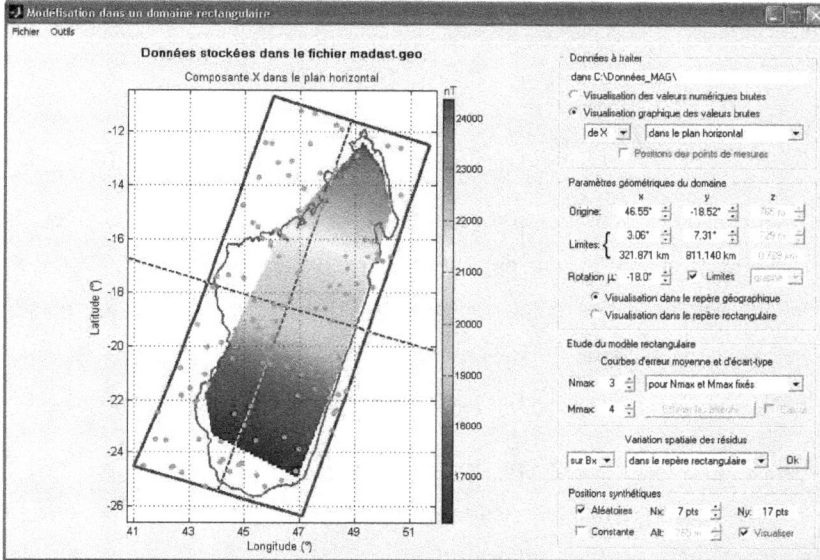

Figure II- 28: *Création de positions synthétiques à distribution aléatoire.*

Les résultats préliminaires précédents nous montrent que cette technique de modélisation dans un domaine rectangulaire mérite bien des études quantitatives plus approfondies. En fait, nous avons encore à examiner les points suivants :

- contribution de chacun des potentiels V_1, V_2 et V_3
- influence de la répartition spatiale des données
- influence de l'angle de rotation μ
- évaluation des effets de bord
- application aux données réelles

Effectivement, il est possible de traiter toutes données géomagnétiques respectant le format illustré sur la figure II-14 avec notre logiciel de modélisation. Mais nous allons nous limiter aux données dont les répartitions spatiales sont représentées sur les figures II-27 et II-28 car elles sont suffisantes pour étudier les points précédents. Nous les avons calculé avec le modèle CM4 pour le 1er juillet 1998 où la correction à apporter sur le champ interne calculé par ce dernier est négligeable (Andriambahoaka, 2008), c'est-à-dire que les valeurs estimées sont assez précises.

II.4 - <u>Résultats et discussions</u>

Comme nous avons déjà montré en détails le fonctionnement de notre logiciel de modélisation, nous allons dorénavant considérer uniquement les figures affichées sur la zone ② pour présenter les résultats de notre étude. Rappelons que nous pouvons obtenir des images au format '.tif' ou '.jpg' en imprimant les figures de cette zone ② à l'aide du sous-menu correspondant dans le menu 'Fichier'. Par ailleurs, ceci nous permet d'avoir une bonne présentation de nos résultats.

II.4.1 - <u>Contribution de chacun des potentiels V_1, V_2 et V_3</u>

Nous prenons dans cette étude des données à répartition uniforme (figure II-27). Nous cherchons à connaître le ou les potentiels dominants dans la reconstruction des composantes du champ par le modèle rectangulaire. Examinons d'abord les erreurs obtenues en considérant ensemble les trois potentiels. D'après la figure II-29, les erreurs sont minimales pour les valeurs de N_{max} et M_{max} suivantes :

- N_{max} = 5 et M_{max} = 12, soit 6x5x12 = 360 coefficients de Gauss au total

- N_{max} = 6 et M_{max} = 10, soit 6x6x10 = 360 coefficients de Gauss au total

- N_{max} = 7 et M_{max} = 9, soit 6x7x9 = 378 coefficients de Gauss au total
- N_{max} = 8 et M_{max} = 8, soit 6x8x8 = 384 coefficients de Gauss au total
- N_{max} = 9 et M_{max} = 7, soit 6x9x7 = 378 coefficients de Gauss au total
- N_{max} = 10 et M_{max} = 6, soit 6x10x6 = 360 coefficients de Gauss au total

- N_{max} = 12 et M_{max} = 5, soit 6x12x5 = 360 coefficients de Gauss au total

Or, nous avons 3x7x17 = 357 équations au total. Logiquement, nous devons prendre le nombre de coefficients plus petit et plus proche de 357. Nous avons 4 cas avec 360 inconnues : N_{max} = 5 et M_{max} = 12, N_{max} = 6 et M_{max} = 10, N_{max} = 10 et M_{max} = 6, N_{max} = 12 et M_{max} = 5. Afin de trouver les paramètres correspondant à moins de 357 inconnues et qui minimisent les erreurs, nous devons examiner les courbes d'erreur avec N_{max} = 5, 6, 10, 12 et avec M_{max} = 5, 6, 10, 12 (figures II-30). Remarquons que si le nombre d'inconnues dépasse le nombre d'équations, le problème est mathématiquement sous déterminé. Ceci se traduit numériquement par le fait que l'erreur moyenne et l'écart-type sont tous nuls. Or normalement, c'est seulement l'erreur moyenne qui peut être nulle tandis que l'écart-type doit être supérieur à 5nT (à cause du bruit aléatoire injecté dans les données initiales). Alors nous devons sélectionner le cas où l'écart-type présente la plus faible valeur supérieure à 5nT avant de s'annuler. En comparant toutes les figures II.30, ce fait se produit pour le cas de la figure II-30e avec M_{max} = 5 et pour N_{max} = 11, soit 6x11x5=330 inconnues au total.

Afin d'examiner la contribution de chacun des potentiels V_1, V_2, V_3, représentons les courbes d'erreur en ne considérant qu'un ou deux parmi eux avec M_{max} = 5. Nous pouvons ensuite comparer les résultats ainsi obtenus avec la figure II-30e.

Erreur moyenne absolue (nT)

Ecart-type (nT)

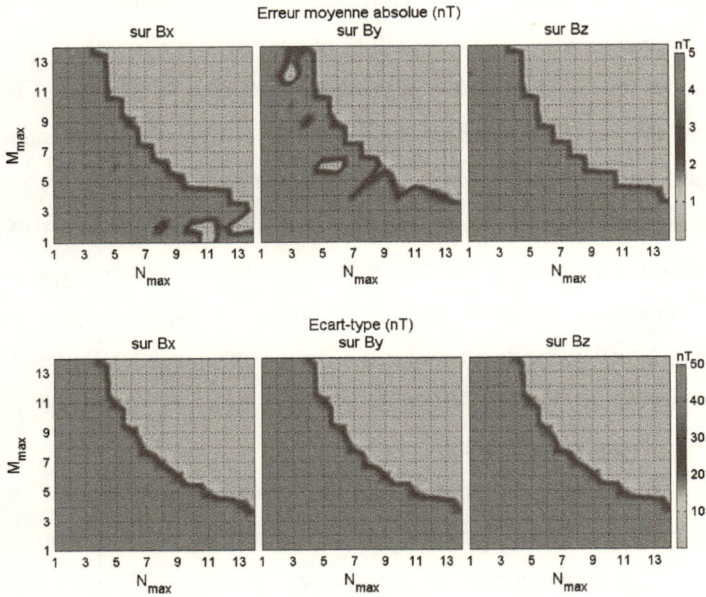

Figure II- 29: *Evolution globale des erreurs en fonction de N_{max} et M_{max} en considérant ensemble les trois potentiels V_1, V_2, V_3 et des données à répartition uniforme.*

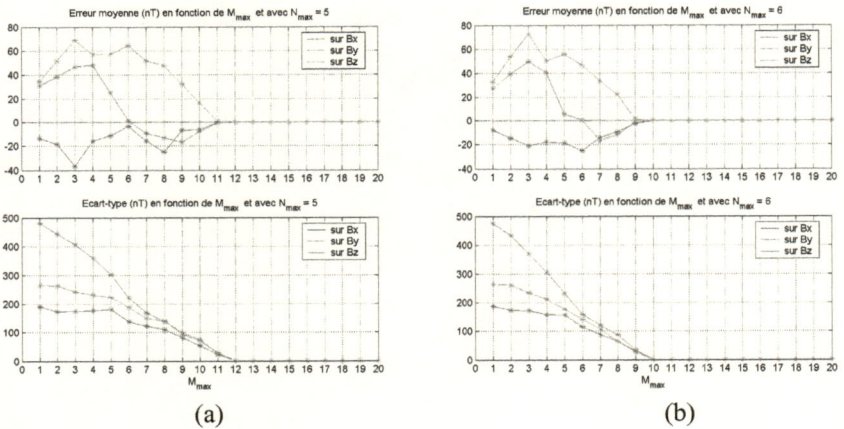

(a)   (b)

(c)   (d)

(e)   (f)

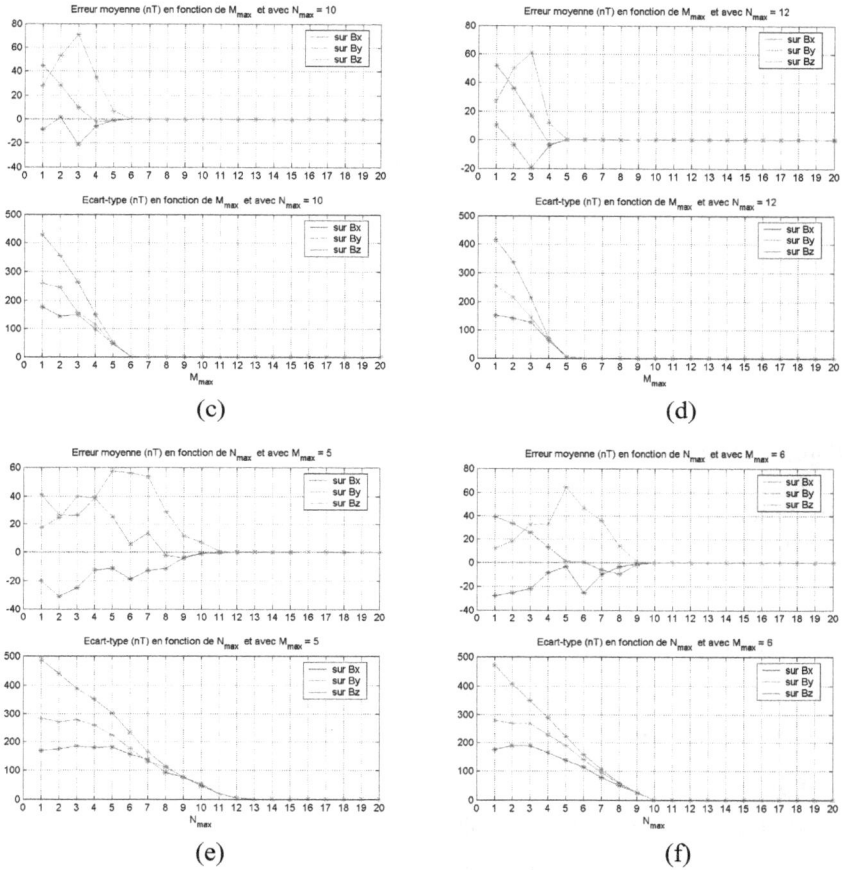

Figure II- 30: *Evolution des erreurs pour des valeurs particulières de N_{max} et M_{max} en considérant ensemble les trois potentiels V_1, V_2, V_3 et des données à répartition uniforme.*

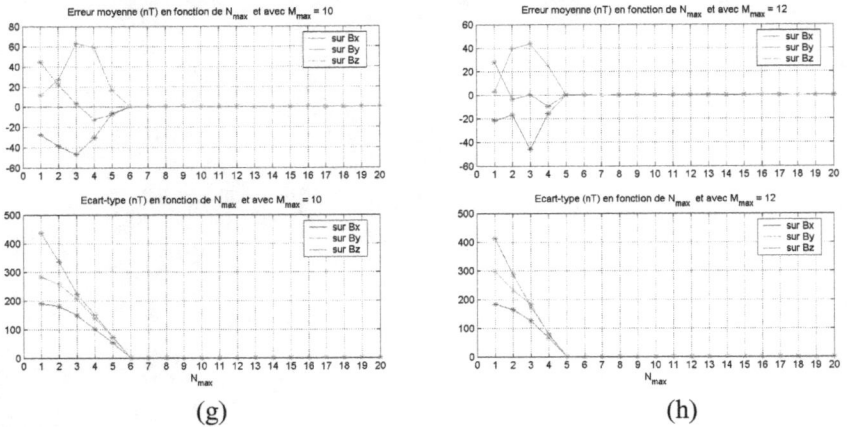

(g)   (h)

Figure II- 30 (suite) : *Evolution des erreurs pour des valeurs particulières de N_{max} et M_{max}*
en considérant ensemble les trois potentiels V_1, V_2, V_3 et des données à répartition uniforme.

D'après les résultats représentés sur les figures II-31, aucun des potentiels V_1, V_2, V_3 pris séparément ne peut représenter le champ géomagnétique. Les erreurs peuvent tendre vers zéro avec les potentiels V_1 et V_3 (figure II-31e) mais il faut aller jusqu'à N_{max} = 19, soit 6x19x5 = 570 inconnues à déterminer avec 357 équations. Ceci nous démontre clairement qu'il faut considérer ensemble ces trois potentiels pour pouvoir représenter correctement le champ (figures II-30). Connaissant les valeurs de N_{max} et M_{max} à adopter, nous pouvons passer à l'étude de l'influence de la répartition spatiale des données.

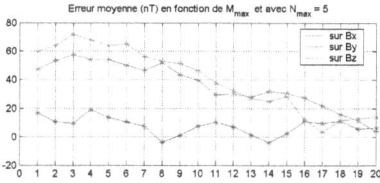

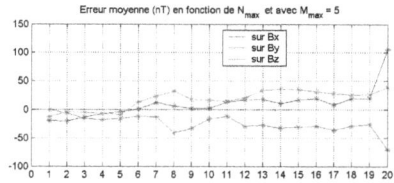

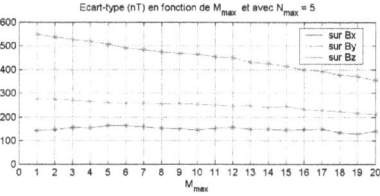

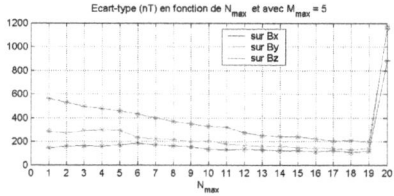

(a) : avec V_1 uniquement   (b) : avec V_2

uniquement

Figure II-31: *Contribution de chacun des potentiels V_1, V_2, V_3.*

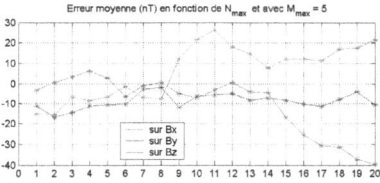

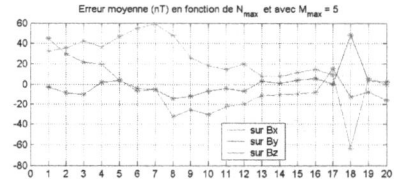

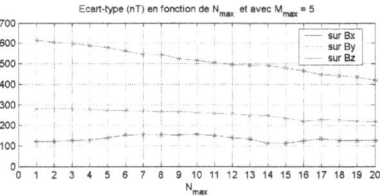

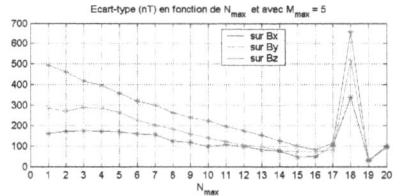

(c) : avec V_3 uniquement   (d) : avec V_1 et V_2

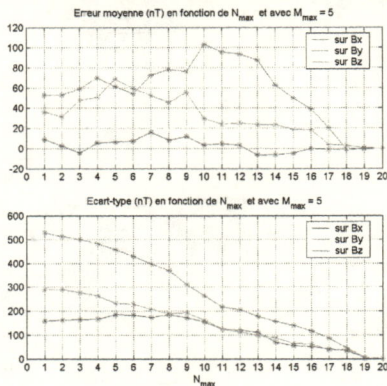 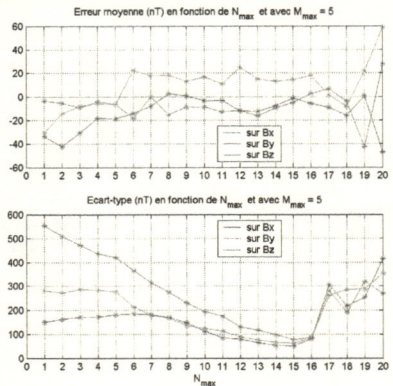

(e) : avec V_1 et V_3 (f) : avec V_2 et V_3

Figure II- 311(suite): *Contribution de chacun des potentiels V_1, V_2, V_3.*

II.4.2 - Influence de la répartition spatiale des données

Nous pouvons examiner l'influence de la répartition spatiale des données en considérant soit l'évolution des erreurs avec $M_{max} = 5$ (figures II-32), soit la variation spatiale des résidus avec $N_{max} = 11$ et $M_{max} = 5$ (figures II-33) et en utilisant des données à répartition uniforme et des données à répartition aléatoire aux nombres identiques. En comparant les deux figures II-32a et II-32b, nous constatons que la vitesse de convergence pour des données à répartition aléatoire (figure II-32b) est légèrement plus rapide par rapport à celle des données à répartition uniforme (figure II-32a). Pour $N_{max} = 9$ par exemple, la moyenne de B_z est encore supérieure à 10nT sur la figure II-32a tandis qu'elle est déjà inférieure à 10nT sur la figure II-32b. De même pour $N_{max} = 9$, l'écart-type est encore supérieure supérieur à 50nT sur les trois composantes sur la figure II-32a tandis qu'il est déjà inférieur à 50nT sur la figure II-32b.

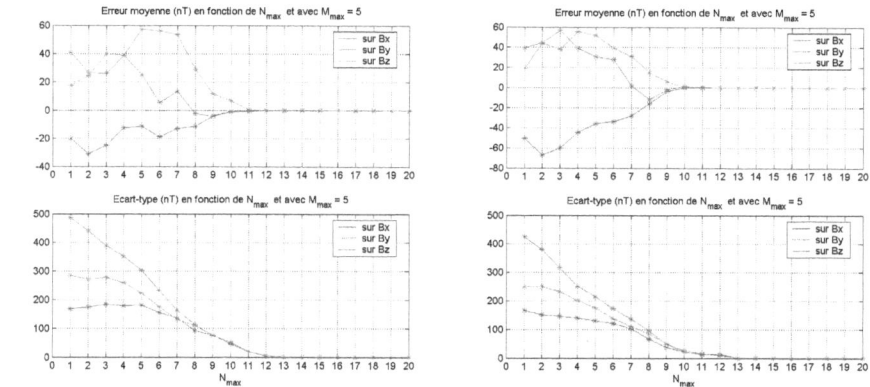

(a) : avec des données à répartition uniforme   (b) : avec des données à répartition aléatoire

Figure II-32: *Influence de la répartition spatiale des données : évolution des erreurs avec $M_{max} = 5$.*

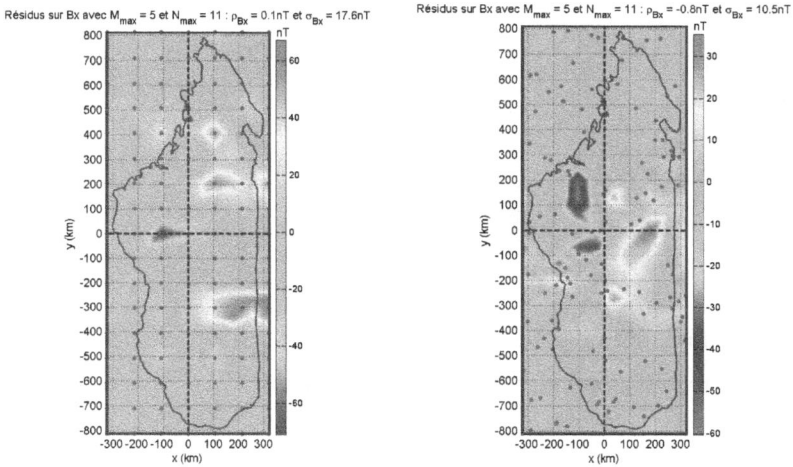

(a) : répartition uniforme   (b) : répartition aléatoire

Figure II-33: *Influence de la répartition spatiale des données : résidus du modèle avec $N_{max} = 11$ et $M_{max} = 5$.*

Résidus sur By avec M_{max} = 5 et N_{max} = 11 : ρ_{By} = -0.7nT et σ_{By} = 14.3nT

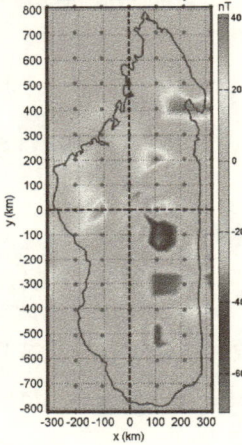

Résidus sur By avec M_{max} = 5 et N_{max} = 11 : ρ_{By} = 0.5nT et σ_{By} = 8.7nT

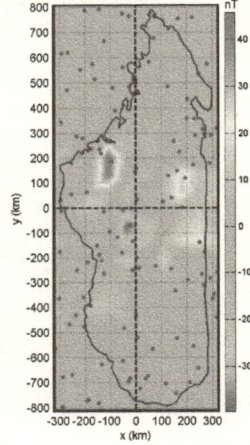

Résidus sur Bz avec M_{max} = 5 et N_{max} = 11 : ρ_{Bz} = 0.8nT et σ_{Bz} = 16.0nT

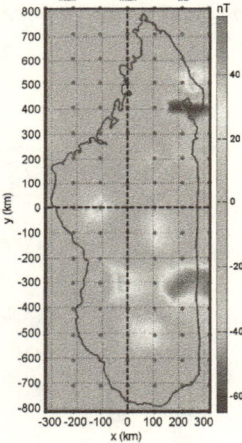

Résidus sur Bz avec M_{max} = 5 et N_{max} = 11 : ρ_{Bz} = 2.0nT et σ_{Bz} = 11.0nT

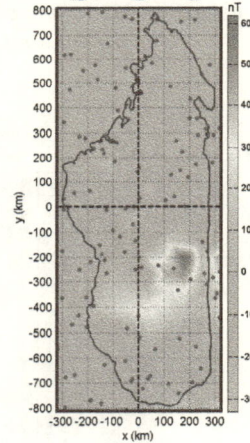

(a) : répartition uniforme   (b) : répartition aléatoire

Figure II-33(suite): *Influence de la répartition spatiale des données :
résidus du modèle avec $N_{max} = 11$ et $M_{max} = 5$.*

Examinons maintenant la variation spatial des résidus avec les solutions
définitives N_{max}=11 et M_{max}=5. D'après les figures II-33, l'erreur moyenne est
généralement plus petite pour les données à répartition uniforme (figures II-33a)
tandis que l'écart-type est généralement plus faible pour les données à répartition
aléatoire (figures II-33b). Alors, le fait que la répartition des données soit uniforme

améliore faiblement l'erreur moyenne mais non pas l'écart-type qui doit être prioritairement faible. Si c'est le cas, la qualité des résultats du modèle ne dépend pas pratiquement de la répartition des données mais de leur nombre ou densité. Autrement dit, l'angle de rotation μ devrait être significatif.

II.4.3 - Influence de l'angle de rotation μ

Rappelons que les paramètres du domaine doivent être choisis de façon à ce que toutes les données disponibles soient à l'intérieur du domaine en question et que nous avons introduit l'angle de rotation μ pour essayer d'avoir le maximum de densité de points. Pour bien déterminer son influence, comparons les erreurs ainsi que les résidus correspondant aux données à répartition aléatoire précédentes avec $\mu = -18°$ (figure II-28) avec ceux obtenus avec $\mu = 0°$ (figure II-34). Donc, nous avons exactement les mêmes nombres et positions de points de mesures dans le repère géographique mais des valeurs de μ différentes.

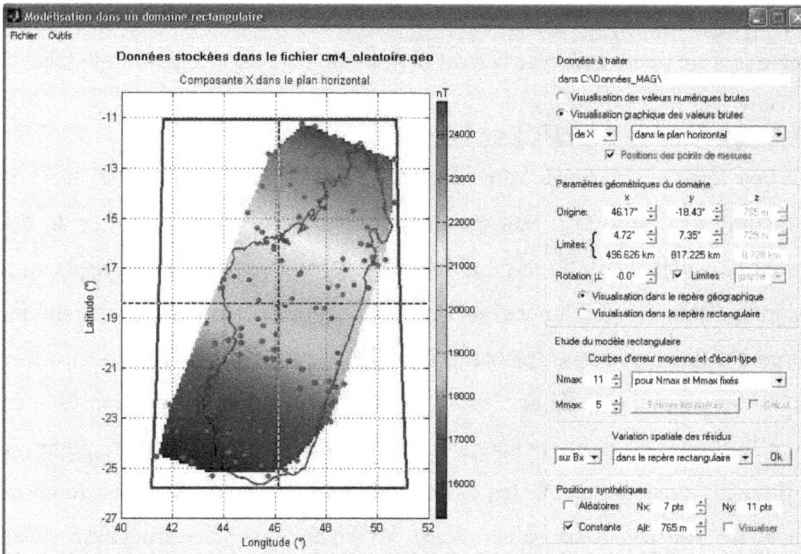

Figure II-34:*Paramètres du domaine correspondant aux positions synthétiques aléatoires*
de la figure II-28 mais avec $\mu = 0°$.

L'écart-type représenté sur la figure II-35b montre une grande instabilité numérique correspondant à $N_{max} = 12$ avec $\mu = 0°$. Ceci confirme le fait qu'il faut prendre des valeurs de N_{max} strictement inférieures à 12 pour les données précédentes. En admettant que le champ en un point donné est unique, les valeurs calculées par le modèle ne doivent pas théoriquement dépendre des paramètres du domaine. Mais dans la pratique, les valeurs estimées dépendent légèrement de ces paramètres. En observant les figures II-36, nous constatons que les erreurs sont comparables sur les composantes B_x et B_y avec $\mu = -18°$ et $\mu = 0°$. Par contre, la différence est notable sur la composante B_z où $\sigma_{Bz} = 10.8nT$ avec $\mu = -18°$ et $\sigma_{Bz} = 14.8nT$ avec $\mu=0°$. De plus, les surfaces des zones à résidus plus élevés sont plus larges avec $\mu=0°$ et nous voyons des zones rouges inutiles dans la région où il n'y a pas de données. Nous en déduisons que le bon ajustement de l'angle de rotation μ peut diminuer les erreurs relatives aux valeurs calculées par le modèle, surtout sur la composante verticale. D'où il est nécessaire d'ajuster la valeur de l'angle μ si on veut améliorer la qualité des valeurs estimées par le modèle.

II.4.4 - Evaluation des effets de bord

Les effets de bord sont classiquement estimés à l'aide des données synthétiques sachant qu'il faut des points des mesures sur les limites du domaine. Ils sont caractérisés par le fait que les résidus observés sont plus élevés au fur et à mesure qu'on s'éloigne du centre et qu'on s'approche ainsi les limites du domaine. Autrement dit, est-ce que le champ correspondant aux points qui se trouvent près des limites est mal calculé par le modèle ? Examinons les résidus représentés sur la figure II-33a où les données sont à répartition uniforme et plusieurs points sont sur les limites. Généralement, les effets de bord ne sont pas très remarquables. Cependant sur By, nous remarquons des zones marquées au jaune (résidus de l'ordre de +20nT) en $x = -x_0$ et des zones marquées en bleu clair (résidus de l'ordre de -20nT) en $x = x_0$. Ces deux couleurs se voient également sur certains points près des limites pour le cas des données à répartition aléatoire (figures II-33 et II-36). Or la couleur verte, qui se voit presque partout sur les figures II-33 et II-36, représente des résidus dont les valeurs absolues sont inférieures à 10nT ou 15nT. Nous en déduisons que les effets de bord sont inférieurs à 10nT en valeurs absolues pour ce modèle rectangulaire.

En ce qui concerne les zones marquées au rouge ou en bleu où les résidus dépassent 30nT en valeurs absolues (figures II-33 et II-36), elles correspondent normalement aux valeurs élevées des bruits injectés dans les données initiales (les bruits sont différents d'une composante à l'autre) que les fonctions de base du modèle (fonctions trigonométriques et exponentielles) ne peuvent pas modéliser. Rappelons qu'il s'agit des bruits blancs gaussiens de moyenne nulle et d'écart-type 5nT. Mais les valeurs en certains points peuvent être supérieures à 18nT en valeurs absolues. Ces points sont rares et sont inférieurs à 10 sur chaque composante (or nous avons 7x17=119 points au total). D'où les résidus sont particulièrement élevés en ces points.

Les études précédentes nous montrent que ce formalisme de modélisation régionale dans un domaine rectangulaire peut bien modéliser le champ magnétique terrestre, notamment le champ interne, avec une incertitude absolue de l'ordre de 25nT (15nT à l'intérieur du domaine et 10nT aux bords). Notons que cette valeur est la moitié de celle obtenue avec un modèle global qui est de l'ordre de 50nT. Nous pouvons alors penser à son application aux données réelles.

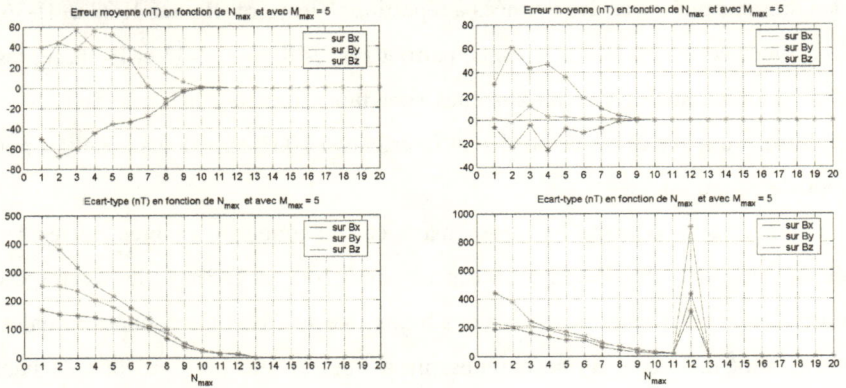

(a) : avec μ = -18°   (b) : avec μ = 0°

Figure II-35: *Influence de l'angle μ :
évolution des erreurs avec M_{max} = 5.*

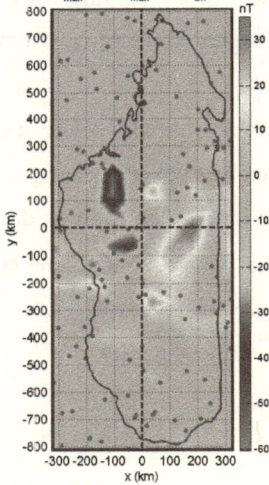 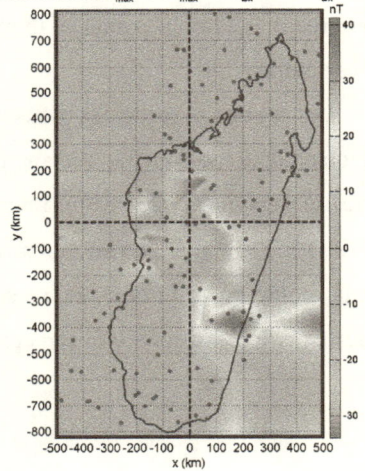

(a) : avec μ = -18°   (b) : avec μ = 0°

Figure II-36: *Influence de l'angle μ :
résidus du modèle avec N_{max} = 11 et M_{max} = 5.*

Résidus sur By avec $M_{max} = 5$ et $N_{max} = 11$: $\rho_{By} = 0.5nT$ et $\sigma_{By} = 8.7nT$

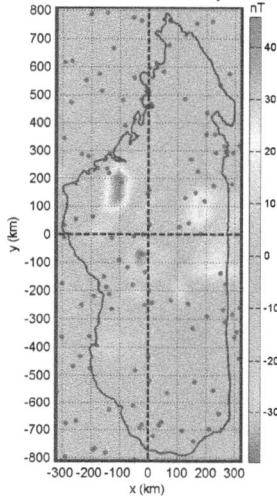

Résidus sur By avec $M_{max} = 5$ et $N_{max} = 11$: $\rho_{By} = 0.7nT$ et $\sigma_{By} = 7.5nT$

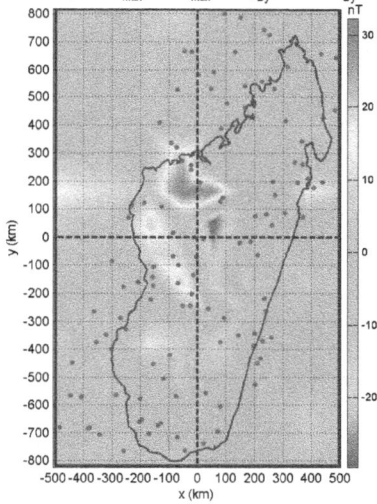

103

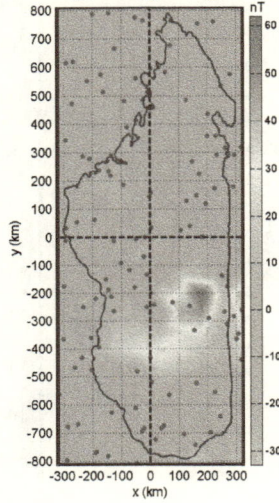

Résidus sur Bz avec $M_{max} = 5$ et $N_{max} = 11$: $\rho_{Bz} = 2.0nT$ et $\sigma_{Bz} = 11.0nT$

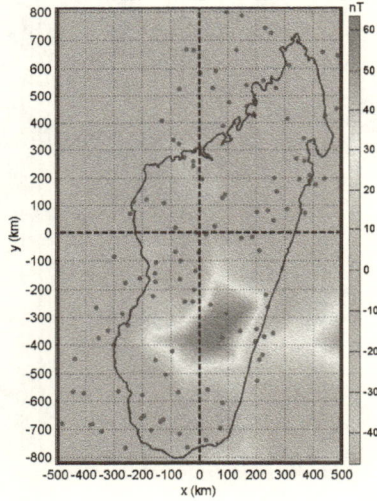

Résidus sur Bz avec $M_{max} = 5$ et $N_{max} = 11$: $\rho_{Bz} = 2.5nT$ et $\sigma_{Bz} = 14.8nT$

(a) : avec $\mu = -18°$ (b) : avec $\mu = 0°$

Figure II-36 (suite): *Influence de l'angle μ : résidus du modèle avec $N_{max} = 11$ et $M_{max} = 5$.*

104

II.4.5 - Applications aux données réelles

Considérons les données des stations de répétition malgaches depuis 1983. Ces données ont été déjà analysées par Miarantsoa durant la préparation de son DEA (Miarantsoa, 2003). Puis elles étaient traitées de nouveau et validées par Andriambahoaka au cours de la préparation de sa thèse avec une technique de réduction plus élaborée utilisant le modèle CM4 (Andriambahoaka et al, 2007 ; Andriambahoaka, 2008, pp 89-112). Les stations sont au nombre de 25 au total mais elles ne sont pas toutes occupées lors de chaque campagne magnétique. Le nombre des données disponibles pour chaque année est donné dans le tableau II. Notons que dans le cas des données réelles, les résidus du modèle représentent les anomalies magnétiques régionales de la région considérée. Par définition, les anomalies sont les différences entre les mesures réelles et les valeurs théoriques estimées par le modèle. Ce qui fait que les cartes d'anomalies ne seront pas significatives si on ne dispose pas suffisamment de mesures comme nous observons sur le tableau II. Alors, nous devons nous limiter à la représentation du champ interne calculé par le modèle en tout point du domaine à partir de quelques points de mesures pour chaque année.

Année	1983	1984	1985	1986	1990	1996	2001
Nombre de mesures	6	6	6	14	13	21	11

Tableau II: *Nombre des données des stations de répétition disponibles depuis 1983.*

Remarquons que les indices de troncature ne doivent pas être ni très faibles ni très élevés. Quelque soit le nombre de données considérer, il suffit de prendre les plus grandes valeurs de N_{max} et M_{max} telles que le nombre d'inconnues soit inférieure ou égale au nombre d'équation. Les erreurs correspondantes devront être faibles si le modèle est en bon accord avec les données réelles. Considérons par exemple le cas de l'année 1983 où nous n'avons que 6 mesures, soit 6x3=18 équations au total. Ainsi, nous n'avons que deux possibilités pour les valeurs de

N_{max} et M_{max} : soit $N_{max} = 1$ et $M_{max} = 3$ (6x1x3 = 12 inconnues), soit $N_{max} = 3$ et $M_{max} = 1$ (6x3x1 = 18 inconnues). Avec $N_{max} = 2$ et $M_{max} = 2$ (6x2x2=24 inconnues) par exemple, le nombre d'inconnues dépasse déjà le nombre d'équations. Examinons l'évolution des erreurs avec $N_{max}=1$ et $M_{max} = 1$. Les courbes représentées sur les figures II-37 montrent que les erreurs sont bien faibles dans les deux cas mais la convergence est plus rapide pour $N_{max} = 1$ que pour $M_{max} = 1$. Nous prendrons ainsi les valeurs de $N_{max} = 1$ et $M_{max} = 3$ pour l'année 1983. Nous pouvons également appliquer la même procédure pour les autres années. Inspiré par l'intervalle de 5 ans pour la réactualisation du modèle de référence international (IGRF), nous allons considérer les années 1983, 1986, 1990, 1996 et 2001. Et par raison de commodité, nous allons représenter la déclinaison, l'inclinaison et l'intensité totale du champ qui sont les éléments mesurés du champ. Cette dernière étape de notre travail nous permet de suivre l'évolution spatio-temporelle du champ d'une part, et de comparer le champ estimé par le modèle rectangulaire avec les mesures réelles d'autre part. Une comparaison avec un modèle global comme CM4 est également indispensable pour contrôler la validité de nos résultats.

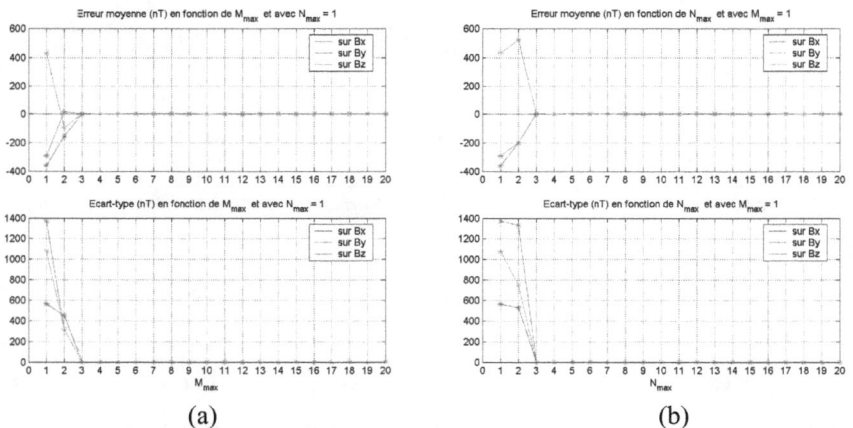

(a)   (b)

Figure II- 32: *Evolution des erreurs obtenues avec les 6 mesures de l'année 1985.*

- **pour 1983** : il y a des mesures dans les régions Nord, Nord-Ouest, Est, Sud-Ouest et Sud-Est même si elles ne sont pas assez nombreuses (figure II-38, en haut). Les éléments du champ calculés par le modèle rectangulaire avec M_{max}=3 et N_{max}=1 (figure II-38, au milieu) et ceux calculés par le modèle global CM4 (figure II-38, en bas) présentent généralement les mêmes variations spatiales. Ce qui fait que les mesures effectuées en 1983 sont fiables et en bon accord avec les propriétés physiques du champ géomagnétique.

- **pour 1986** : il y a des mesures dans les régions Nord, Nord-Ouest, Est et Sud-Ouest. Les mesures sont absentes dans la région Sud-Est (figure II-39, en haut). Comparés aux éléments calculés par CM4 (figure II-39, en bas), nous observons nettement des effets de bord très importants sur les éléments estimés par le modèle rectangulaire (figure II-39, au milieu). Pour la déclinaison, la valeur estimée par le modèle rectangulaire $x=-x_0$ et $y=-y_0$ (région Sud-Ouest) est de l'ordre de -26° tandis que le modèle CM4 prévoit une valeur de -19°. Logiquement, ce grand écart de 7° ne peut pas être attribué à une anomalie régionale non modélisée par CM4. Il est sûrement dû aux effets de bord liés au modèle rectangulaire. Des effets de bord se voient également sur l'inclinaison I en $x=x_0$ et $y=-y_0$ (région Sud-Est), et très nettement visibles sur l'intensité totale F en $x=-x_0$ et $y=-y_0$ (région Sud-Ouest). Probablement, le problème sur I est dû au fait qu'il n'y a pas de mesures dans la région Sud-Est tandis que le problème sur F suppose que les deux mesures de la région Sud-Ouest ne sont pas fiables sachant qu'elles présentent un très grand écart (environ 1000nT) même par rapport au modèle CM4.

- **pour 1990** : il y a des mesures dans les régions Nord, Nord-Ouest, Est et Sud-Est. Les mesures sont absentes dans les régions Ouest et Sud-Ouest (figure II-40, en haut). La comparaison entre le modèle rectangulaire (figure II-40, au milieu) et le modèle CM4 (Figure II-40, en bas) montre que les cartes d'inclinaison sont comparables. Par contre, les cartes de déclinaison et les cartes d'intensité totale présentent une très grande différence en $x=-x_0$ et $y=-y_0$ (région Sud-Ouest). Ceci est sûrement dû aux effets de bord accentués par le fait qu'il n'y a pas de mesures dans la région Sud-Ouest. Cependant, toutes les données disponibles sont fiables sachant qu'elles sont généralement en bon accord avec les deux modèles.

- **pour 1996 :** il y a des mesures dans les régions Nord, Nord-Ouest, Est et au Centre. Les mesures sont absentes dans les régions Ouest et Sud-Est même si elles sont plus nombreuses par rapport aux précédentes (figure II-41, en haut). La grande différence entre les deux modèles se situe surtout dans les régions Ouest (pour la déclinaison) et Sud-Est (pour l'intensité totale), c'est-à-dire dans les régions où il n'y a pas de mesures. Sur l'intensité totale, on remarque un point particulier près de l'axe des x (correspondant à la station de Moramanga) où la valeur mesurée présente un grand écart (environ 750nT) par rapport aux deux modèles (figure II-41, au milieu et en bas).

- **pour 2001 :** il n'y a des mesures que dans les régions Nord, Nord-Ouest et au Centre (figure II-42, en haut). Les champs calculés par les deux modèles sont seulement comparables dans les régions où il y a des mesures. Le modèle rectangulaire montre des effets de bord très prépondérants et des résultats anormaux, notamment sur D et F dans les régions Ouest et Sud-Est, c'est-à-dire dans les régions où les données sont absentes (figure II-42, au milieu et en bas). Sinon, toutes les données s'accordent bien avec les deux modèles.

Bref, cette dernière étape nous a permis d'examiner la validité du modèle rectangulaire pour le cas de Madagascar d'une part, et de vérifier de nouveau les données des stations de répétition malgaches d'autre part. La fiabilité du modèle rectangulaire reste uniquement à l'intérieur des zones couvertes par les mesures. Le cas de l'année 1983 (figure II-38), qui est le meilleur parmi les cinq étudiés, nous montre que pour établir un modèle régional pour Madagascar, il faut avoir des données pour les régions Nord, Ouest, Est, Sud-Ouest et Sud-Est. Même si les données ne sont pas très nombreuses, il faut au moins une mesure dans chacune des régions précédentes, notamment à Antsiranana, Mahajanga, Toamasina, Toliary et Taolagnaro. L'absence de données dans l'une de ces régions ne permet pas d'établir correctement des cartes magnétiques de Madagascar.

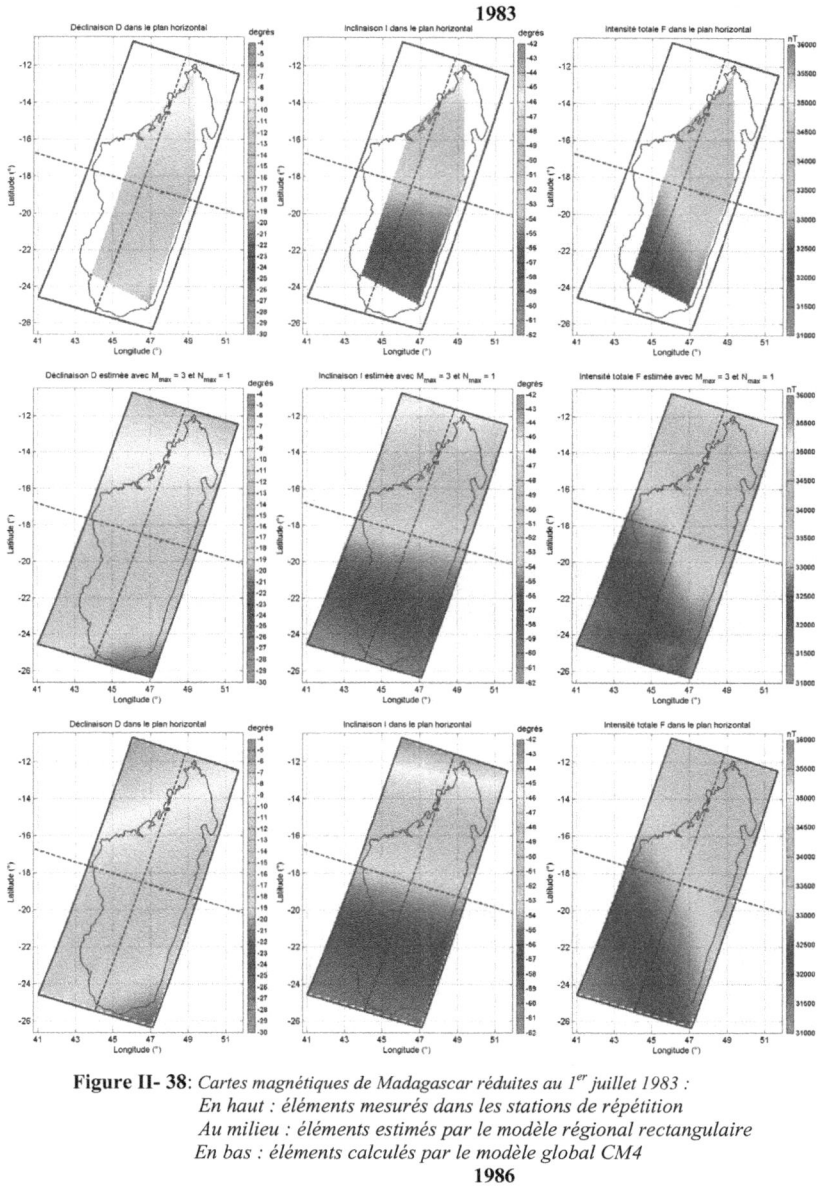

Figure II- 38: *Cartes magnétiques de Madagascar réduites au 1er juillet 1983 :*
En haut : éléments mesurés dans les stations de répétition
Au milieu : éléments estimés par le modèle régional rectangulaire
En bas : éléments calculés par le modèle global CM4
1986

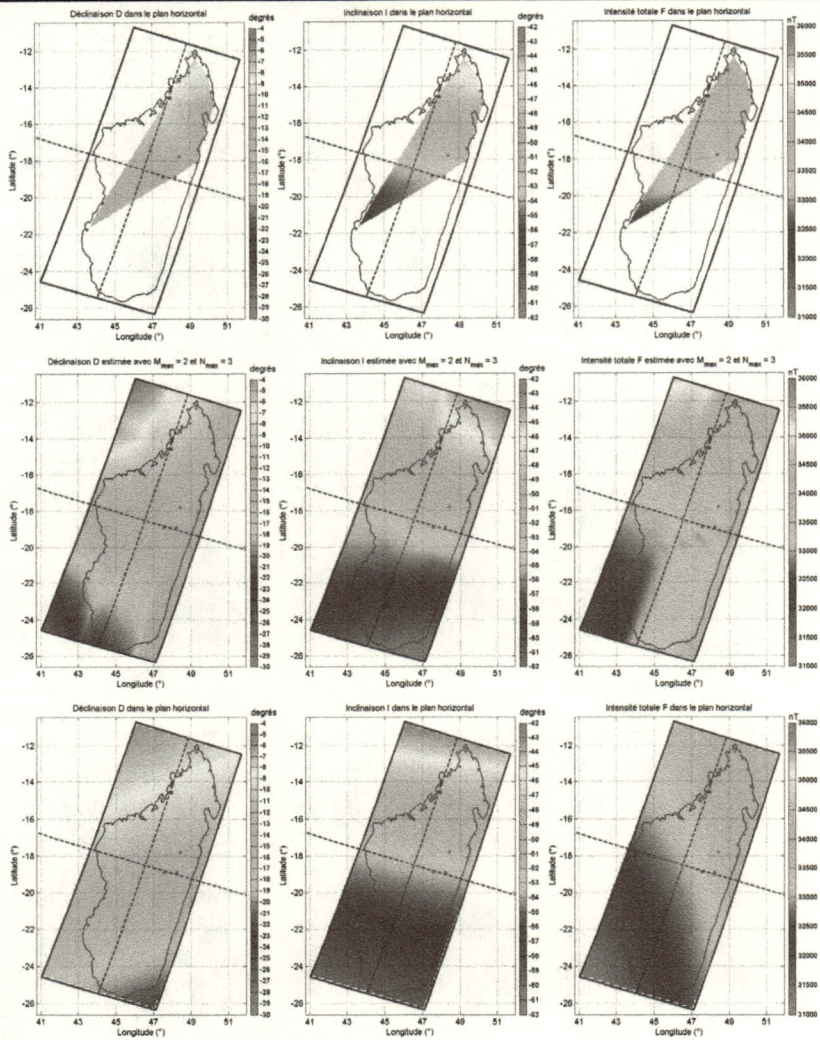

Figure II-39 : *Cartes magnétiques de Madagascar réduites au 1er juillet 1986 :*
En haut : éléments mesurés dans les stations de répétition
Au milieu : éléments estimés par le modèle régional rectangulaire
En bas : éléments calculés par le modèle global CM4
1990

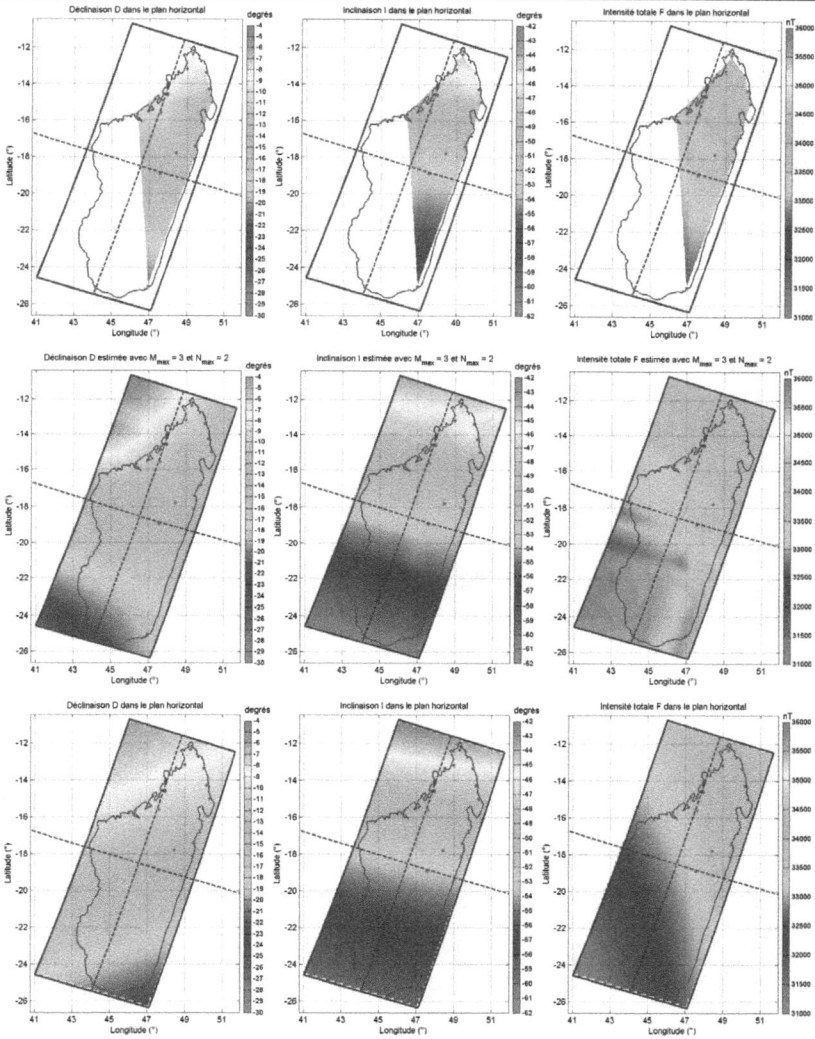

Figure II-40: *Cartes magnétiques de Madagascar réduites au 1er juillet 1990 :*
En haut : éléments mesurés dans les stations de répétition
Au milieu : éléments estimés par le modèle régional rectangulaire
En bas : éléments calculés par le modèle global CM4
1996

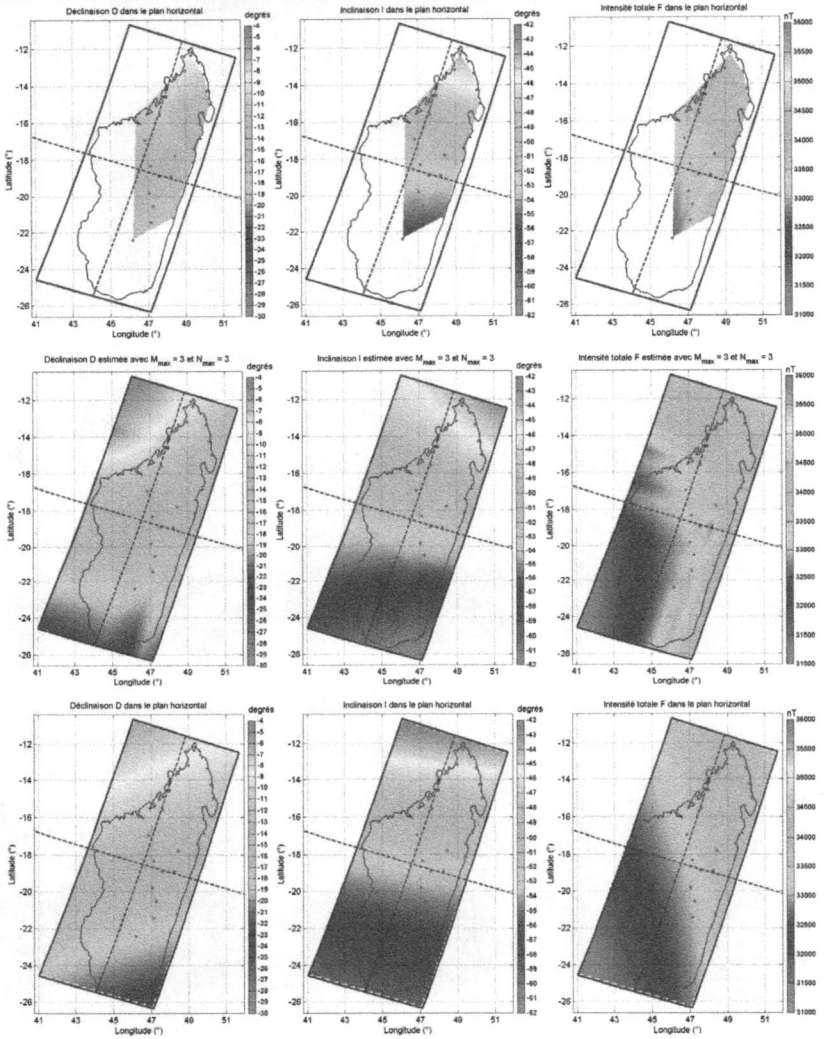

Figure II-41: *Cartes magnétiques de Madagascar réduites au 1er juillet 1996 :*
En haut : éléments mesurés dans les stations de répétition
Au milieu : éléments estimés par le modèle régional rectangulaire
En bas : éléments calculés par le modèle global CM4
2001

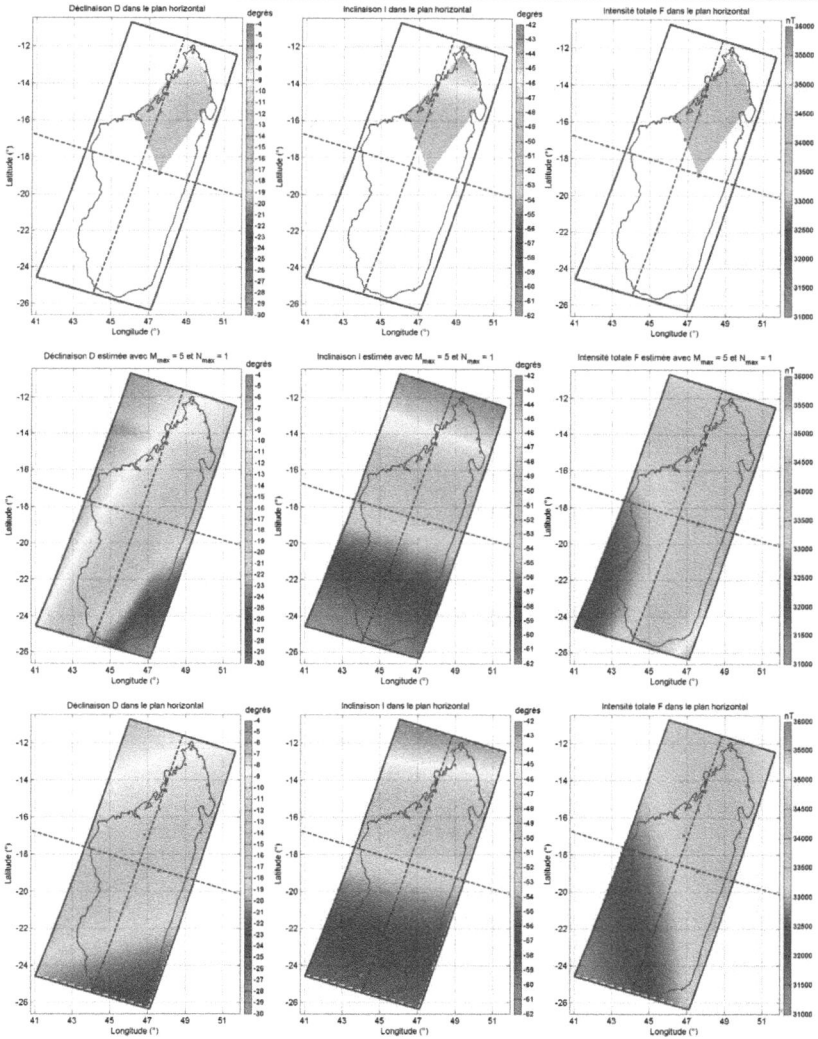

Figure II- 33: *Cartes magnétiques de Madagascar réduites au 1er juillet 2001 :*
En haut : éléments mesurés dans les stations de répétition
Au milieu : éléments estimés par le modèle régional rectangulaire
En bas : éléments calculés par le modèle global CM4

113

CONCLUSIONS GENERALES

Les différentes techniques de modélisation régionale existantes nécessitent beaucoup de données pour être appliquées. Elles ne sont pas donc adaptées pour le cas de Madagascar qui ne dispose que vingt cinq stations au total. Aussi, nous avons établi le formalisme des harmoniques rectangulaires comme de problème de conditions aux limites dans un parallélépipède rectangle. Huit types de problèmes de condition aux limites qui mettent en jeu des conditions de Dirichlet, de Neumann ou mixtes ont été explorés. Ces études préliminaires formelles, nous ont conduit à sélectionner un problème parmi les huit étudiées donnant lieu à des gradients de potentiels orthogonaux. Cette propriété, très importante pour le problème inverse, n'a pas été jugée suffisante pour exclure les solutions restantes et nous avons résolu chacun des huit décompositions possibles pour une étude plus détaillées. Nous avons écrit l'expression du champ magnétique et nous avons introduit la théorie de reconstruction du champ dans le domaine rectangulaire pour l'étude du problème inverse.

Ensuite, nous avons examiné les aspects numériques de notre formalisme. Pour que les erreurs relatives à la détermination des positions soient faibles, il faut prendre des valeurs inférieures à huit degrés pour les limites x_0 et y_0 de notre domaine d'étude. La validation de notre méthode a été effectuée avec les données synthétiques. Nous avons présenté un logiciel de modélisation rectangulaire dans le but de faciliter notre travail. Cette dernière étape nous a permis d'examiner la validité du modèle rectangulaire pour le cas de Madagascar d'une part, et de vérifier de nouveau les données des stations de répétition malgaches d'autre part. La fiabilité du modèle rectangulaire reste uniquement à l'intérieur des zones couvertes par les mesures. Même si les données ne sont pas très nombreuses, il faut au moins une mesure dans chacune des régions suivantes : Antsiranana, Mahajanga, Toamasina, Toliary et Taolagnaro. L'absence de données dans l'une de ces régions ne permet pas d'établir correctement des cartes magnétiques de Madagascar.

Le formalisme que nous venons de proposer nécessite des développements théoriques ainsi que des essais pratiques complémentaires. Ensuite, pour pouvoir estimer les erreurs plus précisément, nous ne pouvons pas nous contenter de la simple comparaison des valeurs du champ sur une grille de points car nous ne savons pas dans quelle mesure cette estimation concorde avec l'erreur réelle sur une grille finement interpolée. Cela nécessite le calcul systématique du champ à des troncatures, chaque fois différentes, qu'il faut comparer au champ initial pour les distributions de points. Une façon de procéder est de passer au cas continu et de considérer la norme du champ dans le domaine d'étude. Puis pour pouvoir estimer l'erreur occasionnée par les troncatures, on peut envisager d'étudier la distribution d'énergie dans le domaine rectangulaire. Comme nous avions pour but d'utiliser des données prises à différentes époques qui est indispensable pour l'étude du champ magnétique à Madagascar, notamment pour pouvoir exploiter simultanément toutes les données disponibles, il faut aussi résoudre le problème de modélisation de la variation séculaire qui dépasse largement le cadre de notre étude. A propos du logiciel que nous venons d'établir, on peut y introduire d'autres fonctionnalités. Nous avons besoin de réoccuper correctement les stations de répétition pour pouvoir compléter les données et établir finalement des cartes magnétiques régionales de Madagascar. Enfin, on peut appliquer ce formalisme de modélisation dans un domaine rectangulaire à une autre région où il y a suffisamment de données réelles et comparer les résultats ainsi obtenus avec des résultats déjà connus donc une autre méthode de modélisation régionale.

1-**Propriétés de l'opérateur** $-\dfrac{d^2}{du^2}$ **associé à des conditions de Dirichlet**

Notons A_D cet opérateur. Les propriétés de A_D sont étudiées sur le sous-ensemble D_D des fonctions de L^2 (]$-u_0$, u_0 [) telles que $f(-u_0)=f(u_0)=0$. L^2 (]$-u_0$, u_0 [) étant muni du produit hermitien :

$$< f,g >= \int_{-u_0}^{u_0} f(u)\,\overline{g}(u)du \quad \text{où} \quad \overline{g}(u) \text{ est le complexe conjugué de } g(a)$$

1.1- **Montrons que A_D est auto- adjoint sur D_D**

$$
\begin{aligned}
< f,A_D(g) > &= -\int_{-u_0}^{u_0} f\,\frac{d^2\overline{g}}{du^2}\,du \\
&= -[f\,\frac{d\overline{g}}{du}]_{-u_0}^{u_0} + \int_{-u_0}^{u_0} \frac{df}{du}\frac{d\overline{g}}{du}\,du \\
&= -[f\,\frac{d\overline{g}}{du}]_{-u_0}^{u_0} + [\frac{df}{du}\overline{g}]_{-u_0}^{u_0} \int_{-u_0}^{u_0} \frac{d^2f}{du^2}\overline{g}\,du \\
&= -\int_{-u_0}^{u_0} \frac{d^2f}{du^2}\overline{g}\,du \qquad \text{car f et g(donc } \overline{g}) \in D_D \\
&= < A_D(f),g >
\end{aligned}
$$

$$\text{alors} < f,A_D(g) > = < A_D(f),g >$$

1.2- **Montrons que A_D est positif sur D_D**

$$
\begin{aligned}
< f,A_D(f) > &= -\int_{-u_0}^{u_0} f\,\frac{d^2f}{du^2}\,du \\
&= -[f\,\frac{d\overline{f}}{du}]_{-u_0}^{u_0} + \int_{-u_0}^{u_0} \frac{df}{du}\frac{d\overline{f}}{du}\,du \\
&= \int_{-u_0}^{u_0} \left|\frac{df}{du}\right|^2 du \geq 0
\end{aligned}
$$

F étant continue (pour que $\dfrac{df}{du} \in L^2$ (]$-u_0$, u_0 [), la valeur 0 n'est atteinte que pour f égale à une constante nulle.

1.3- **Conséquences**

(i)- Les valeurs propres de l'opérateur A_D sont strictement positives, car à la valeur propre 0 n'est associée que la fonction nulle.

(ii)-Les valeurs propres de l'opérateur A_D forment un ensemble discret non borné de $R+$. On a montré que ces valeurs propres étaient de la forme $\lambda = \dfrac{\pi^2 m^2}{2u_0}$ $\qquad m \in N^*$.

(iii) Les fonctions propres associées à deux valeurs propres distinctes sont orthogonales. Soient $f_\lambda, f_{\lambda'}$ deux fonctions propres de A_D, appartenant à D_D.

La propriété d'orthogonalité s'écrit :

$$< f_\lambda, f_{\lambda'} > = -\int_{-u_0}^{u_0} f_\lambda(u)\, \overline{f}_{\lambda'}(u)du = \|f_\lambda\|^2 \, \delta_{\lambda,\lambda'}$$

Où $\delta_{\lambda,\lambda'}$ est le symbole de Kronecker : $\delta_{\lambda,\lambda'} = 0$ si $\lambda \neq \lambda'$ et $\delta_{\lambda,\lambda'} = 1$ si $\lambda = \lambda'$

2-**Propriétés de l'opérateur** $-\dfrac{d^2}{du^2}$ **associé à des conditions de Neumann**

Notons A_N cet opérateur. Les propriétés de A_N sont étudiées sur le sous-ensemble D_N des fonctions de L^2 (]-u_0, u_0 [) telles que $\left(\dfrac{df}{du}\right)_{-u_0} = \left(\dfrac{df}{du}\right)_{u_0} = 0$. A_N a les mêmes propriétés sur D_N que A_D sur D_D, à la différence près que la valeur propre 0 est admissible. En effet, toute fonction constante sur]-u_0, u_0 [ϵ à D_N et est évidemment associée à la valeur propre 0. On a montré que les valeurs propres étaient également de la forme $\lambda = \dfrac{\pi^2 m^2}{2u_0}$ avec $m \in N$

3- **Calculs explicites des produits hermitiens et des normes**

3.1- **Opérateur A_D**

On a vu que les vecteurs propres de A_D s'écrivent, avec une constante choisie par commodité,

♣ $F^m(u) = \dfrac{1}{2}(e^{\frac{i\pi m u}{2u_0}} + (-1)^{m+1} e^{\frac{-i\pi m u}{2u_0}})$

D'où $< F^m, F^{m'} > = \dfrac{1}{4}\int_{-u_0}^{u_0} (e^{\frac{i\pi m u}{2u_0}} + (-1)^{m+1} e^{\frac{-i\pi m u}{2u_0}})(e^{\frac{i\pi m'u}{2u_0}} + (-1)^{m'+1} e^{\frac{i\pi m'u}{2u_0}})du$

$$= \dfrac{1}{4}\int_{-u_0}^{u_0} (e^{\frac{i\pi (m-m') u}{2u_0}} + (-1)^{m+m'} e^{\frac{-i\pi (m-m') u}{2u_0}} + (-1)^{m+1}(e^{\frac{-i\pi (m+m')u}{2u_0}} + (-1)^{m'+1} e^{\frac{i\pi (m+m')u}{2u_0}})du$$

♣ $I_1 = \int_{-u_0}^{u_0} e^{i\pi(-m')\frac{u}{2u_0}} du = 2u_0$ si $m = m'$

$$= -\dfrac{2i^{m-m'+1}(m+m')u_0}{\pi(m^2 - m'^2)}(1-(-1)^{m-m'})$$

$$= \frac{2i^{m+m'+1}u_0}{\pi(m^2 - m'^2)}[(-1)^{m'+1} - (-1)^{m+1}](m+m')$$

Si $m \neq m'$, sachant que $i^{m-m'} = (-1)^{m'}i^{m+m'}$ et $(-1)^{m-m'} = (-1)^{m+m'}$

♣ $I_2 = (-1)^{m+m'}\int_{u_0}^{u_0} e^{-i\pi\pi(-m')\frac{u}{2u_0}}du = 2u_0$ si $m = m'$

$$= -\frac{(-1)^{m+m'}2i^{m-m'+1}(m+m')u_0}{\pi(m^2 - m'^2)}(1 - (-1)^{m-m'})$$

$$= \frac{2i^{m+m'+1}u_0}{\pi(m^2 - m'^2)}[(-1)^{m+1} - (-1)^{m'+1}](m+m') = -I_1 \quad \text{si } m \neq m'$$

♣ $I_3 = (-1)^{m'+1}\int_{-u_0}^{u_0} e^{i\pi\pi(+m')\frac{u}{2u_0}}du = 0$ si $m = m'$

$$= \frac{2i^{m-m'+1}u_0}{\pi(m^2 - m'^2)}((-1)^{m'} - (-1)^{m})(m-m')$$

♣ $I_4 = (-1)^{m+1}\int_{-u_0}^{u_0} e^{-i\pi\pi(+m')\frac{u}{2u_0}}du = 0$ si $m = m'$

$$= \frac{2i^{m-m'+1}u_0}{\pi(m^2 - m'^2)}((-1)^{m'+1} - (-1)^{m+1})(m-m') = -I_3 \quad \text{si } m \neq m'$$

$$\sum_{j=1}^{4} I_j = 4u_0 \quad \text{si } m = m'$$

D'où $= 0$ si $m \neq m'$

donc $< F^m, F^{m'} > = u_0\delta_{m,m'}$

3.2- <u>Opérateur A_N</u>

Les vecteurs propres de A_N s'écrivent :

$$\varphi^m(u) = \frac{1}{2}(e^{\frac{i\pi mu}{2u_0}} + (-1)^m e^{-\frac{i\pi mu}{2u_0}})$$

D'où

$$< \varphi^m(u), \varphi^{m'}(u) > = \frac{1}{4}\int_{-u_0}^{u_0}(e^{\frac{i\pi mu}{2u_0}} + (-1)^m e^{-\frac{i\pi mu}{2u_0}})(e^{-\frac{i\pi m'u}{2u_0}} + (-1)^{m'} e^{\frac{i\pi m'u}{2u_0}})du$$

$$= \frac{1}{4}\int_{-u_0}^{u_0}[e^{\frac{i\pi(m-m')u}{2u_0}} + (-1)^{m+m'} e^{-\frac{i\pi(m-m')u}{2u_0}} + (-1)^{m'}(e^{\frac{i\pi(m+m')u}{2u_0}} + (-1)^m e^{-\frac{i\pi(m+m')u}{2u_0}})du$$

♣ $I_1 = \int_{-u_0}^{u_0} e^{i\pi\pi(-m')\frac{u}{2u_0}}du = 2u_0$ si $m = m'$

118

$$= \frac{2i^{m+m'+1}u_0}{\pi(m-m')}[(-1)^{m'+1} - (-1)^{m+1}] \quad \text{si } m \neq m'$$

♣ $I_2 = (-1)^{m+m'} \int_{-u_0}^{u_0} e^{-i\pi\pi(-m')\frac{u}{2u_0}} du = 2u_0 \qquad \text{si } m = m'$

$$= \frac{2i^{m+m'+1}u_0}{\pi(m-m')}[(-1)^{m+1} - (-1)^{m'+1}] = -I_1 \quad \text{si } m \neq m'$$

♣ $I_3 = (-1)^{m'} \int_{-u_0}^{u_0} e^{i\pi\pi(-m')\frac{u}{2u_0}} du = 0 \qquad \text{si } m = m'$

$$= \frac{2i^{m+m'+1}u_0}{\pi(m+m')}[(-1)^m - (-1)^{m'}] \quad \text{si } m \neq m'$$

♣ $I_4 = (-1)^m \int_{-u_0}^{u_0} e^{-i\pi\pi(+m')\frac{u}{2u_0}} du = 0 \qquad \text{si } m = m'$

$$= \frac{2i^{m+m'+1}u_0}{\pi(m+m')}[(-1)^{m'} - (-1)^m] = -I_3 \quad \text{si } m \neq m'$$

D'où $< \varphi^m(u), \varphi^{m'}(u) \geq u_0 \delta_{\overline{m},\overline{m'}}$

Annexe B

LES STATIONS DE REPETITION REOCCUPEES DEPUIS 1983

Région	Station		Coordonnées géographiques		
			Latitude	Longitude	Altitude
Nord	DGS	Antsiranana (Diégo-Suarez)	-12°21'00 ''	49°17'40''	74m
	ABB	Ambilobe	-13°11'24''	48°58'54''	121m
	VHM	Iharana (Vohémar)	-13°22'04 ''	50°00'00''	67m
	ABJ	Ambanja	-13°38'24''	48°27'06''	83m
	SBV	Sambava	-14°16'39''	50°10'27''	148m

	TLH	Antalaha	-14°59'51 ''	50°19'16''	73m
Nord-Ouest	THH	Antsohihy	-14°54'00''	47°39'00''	269m
	PBG	Boriziny (Port-Bergé)	-15°34'48''	47°37'18''	308m
	MJG	Mahajanga (Majunga)	-15°39'57''	46°21'03''	44m
	MVT	Maevatanana	-16°57'11''	46°49'57''	1013m
	KZB	Ankazobe	-18°19'49''	47°07'35''	1213m
Est	FNV	Fenoarivo Atsinanana (Fénérive-Est)	-17°25'30''	49°26'06''	42m
	AZK	Ambatondrazaka	-17°47'32''	48°26'12''	650m
	TMV	Toamasina (Tamatave)	-18°07'00''	49°23'36''	36m
	MRG	Moramanga	-18°54'48''	48°12'54''	517m
Sud-Est	TRB	Antsirabe	-19°49'50''	47°03'04''	1493m
	ABS	Ambositra	-20°32'51''	47°14'40''	868m
	MNJ	Mananjary	-21°12'17''	48°21'24''	54m
	FNT	Fianarantsoa	-21°26'15''	47°07'06''	1127m
	IHS	Ihosy	-22°24'34''	46°10'07''	971m
Sud-Ouest	MDV	Morondava	-20°17'24''	44°21'00''	88m
	MRB	Morombe	-21°45'18''	43°32'18''	94m
	TUL	Toliara (Tuléar)	-23°23'12''	43°49'30''	56m
	FDF	Taolanaro (Fort Dauphin)	-25°02'00''	46°57'36''	114m
Observatoire	TAN	Antananarivo	18°55'00''	47°33'00''	1375m

Bibliographies

ALLDREDGE, L. R., 1981: Rectangular Harmonic Analysis applied to the geomagnetic Field, *Journal of geophysical Research*, vol.86, NO.B4, pages3021-3026.

ALLDREDGE, L. R., 1982: Geomagnetic Local and Regional Harmonic Analysis, *Journal of geophysical Research*, vol.87, NO.B3, pages1921-1926.

ANDRIAMBAHOAKA, Z., 2008 : Modélisation régionale du champ magnétique terrestre et établissement de cartes magnétiques détaillées appliqués à Madagascar, *Thèse de Doctorat*, Université d'Antananarivo, Université Louis Pasteur – Strasbourg I, 25-274.

ANDRIAMBAHOAKA, Z., Schott, J.J, Ranaivo-nomenjanahary, F.N., 2007: Repeat Station Data Reduction using the CM4 Model, *publs. inst. geophys. pol. acad. sc.*, c-99(398).

BLAKELY, R.J., 1996: Potential theory in gravity and magnetic applications, *Cambridge University Press*.

COURTILLOT, V., and J-L. Le Mouël, 1988: Time Variations of the Earth's Magnetic Field: From Daily to Secular, *Annual Review of Earth and Planetary Sciences, 16,389-476.*

DÜZGIT, Z, Malin, S.R.C., 2000 Assessment of regional geomagnetic field modelling methods using a standard data set: Spherical Cap Harmonic Analysis. *Geophysical. J. int.*, 141:829-831.

HAINES, G. V., 1985: Spherical cap harmonic analysis, *Journal of Geophysical Research*, 2583-2592.

HAINES, G. V., 1990: Regional magnetic field modelling: a review, *Journal of geomagnetism and geoelectricity*, **42**, 1001-1018.

HOBSON, E.W., 1931: the theory of spherical and ellipsoidal harmonics, *Cambridge University Press*.

KORTE, M. and Haak, V., 2000: Modelling European magnetic repeat station and survey data by SCHA in search of time-varying anomalies. *Phys. Earth Plan.int.*, 122:205-220.

KORTE, M. and Holme, R., 2003: regularisation of spherical cap harmonics. Geophysical. J.int., 153(1): 253-262

LANGEL, R.A., and W.J Hinze, 1998: the magnetic field of the earth's lithosphere, *Cambridge University Press*.

LANGLAIS, B., Mandea, M., and Ultré-Guérard, P., 2003: High-resolution magnetic field modelling: application to MAGSAT and Ørsted data, *Physics of the Earth and Planetary Interiors*, **135**, 77–91.

LE MOUEL, J-L., 1969 : Sur la distribution des éléments magnétiques en France, *thèse, Paris*, 19-40.

MALIN, S.R.C., and D.E. Winch, 1996: Annual variation of geomagnetic field, *geophysical Journal of the Royal Astronomical Society, 47,445-457.*

MIARANTSOA, L. N., 2003: Le champ géomagnétique mesuré dans les stations de répétition malgaches de 1983 à 1996, *Mémoire de D.E.A, Faculté des Sciences, Université d'Antananarivo*

OLSEN, N., et al., 2000: Ørsted initial field model, *Geophysical Research Letters*, **27**(22), 3607–3610.

PAPITASHVILI, V. O., Christiansen, F., and Neuber, T., 2002: A new model of field-aligned currents derived from high-precision satellite magnetic field data, *Geophysical Research Letters*, **29**(14).

PART-ENANDER EVA, Sjoberg Anders, Melin Bo, 1996: The Matlab Handbook, Addison-Wesley.

SABAKA, T. J., N. Olsen, and M.E. Purucker, 2004: Extending comprehensive models of the Earth's magnetic field with Ørsted and CHAMP data, *Geophysical Journal International*, 159, 521 – 547

THEBAULT, E., 2003 : Modélisation régionale du champ magnétique terrestre, *Thèse de Doctorat de l'Université Louis Pasteur, Strasbourg (spécialité géophysique)*.TARANTOLA, A. 1994: Inverse problem theory. Elsevier, Amsterdam, deuxième edition.

TORTA, J.M., De santis, a., Chiappini, M. and von Frese, R.R.B, 2002: A model of the secular change of geomagnetic field for Antarctica. Tectonophysics, 347: 179-187.

ULTRÉ-GUÉRARD, P., Jault, D., Alexandrescu, M., and Achache J., 1998: Improving geomagnetic field models for the period 1980–1999 using Ørsted data, *Earth Planets Space*, **50**, 635–640.

WHALER, K.A., and Gubbins, D., 1981: spherical Harmonic analysis of the geomagnetic field: an example of a linear inverse problem, geophysical. J.R.Astron.Soc., 65:645-693